煤炭行业特有工种职业技能鉴定培训教材

锚 喷 工

（初级、中级、高级）

河南煤炭行业职业技能鉴定中心　组织编写

主　编　郭亚伟

中国矿业大学出版社

内 容 提 要

本书分别介绍了初级、中级、高级煤矿锚喷工职业技能鉴定的知识和技能要求。内容包括了锚喷工基本知识、专业知识和技能鉴定要求等。

本书是煤矿锚喷工职业技能考核鉴定前的培训和自学教材,也可作为各级各类技术学校相关专业师生的参考用书。

图书在版编目(C I P)数据

锚喷工 / 郭亚伟主编. 一徐州:中国矿业大学出版社,2012.11

煤炭行业特有工种职业技能鉴定培训教材

ISBN 978-7-5646-1710-3

Ⅰ. ①锚… Ⅱ. ①郭… Ⅲ. ①煤矿－锚喷支护－职业技能－鉴定－教材 Ⅳ. ①TD350.4

中国版本图书馆 CIP 数据核字(2012)第 267576 号

书　　名	锚喷工	
主　　编	郭亚伟	
责任编辑	姜　华	
出版发行	中国矿业大学出版社有限责任公司	
	(江苏省徐州市解放南路　邮编 221008)	
营销热销	(0516)83885307　83884995	
出版服务	(0516)83885767　83884920	
网　　址	http://www.cumtp.com　E-mail:cumtpvip@cumtp.com	
印　　刷	北京兆成印刷有限责任公司	
开　　本	850×1168　1/32　印张 8.5　字数 218 千字	
版次印次	2012年 11 月第 1 版　2012年 11 月第 1 次印刷	
定　　价	30.00 元	

(图书出现印装质量问题,本社负责调换)

《锚 喷 工》
编审人员名单

主　　编　　郭亚伟

编写人员　　王　飞　　段德殿　　朱英超

　　　　　　张治军

主　　审　　蔡有章

审稿人员　　李龙辉　　范婧婧　　王宝岭

　　　　　　王修峰　　田　果

目 录

第四部分　高级工技术知识和技能要求

第一部分
煤矿安全生产基本知识

第一章　煤矿安全生产法律法规

第一节　煤矿安全生产方针

一、煤矿安全生产方针的内容及意义

煤矿安全生产方针是党和国家为确保煤矿安全生产而确定的指导思想和行动准则,即"安全第一,预防为主,综合治理"。

把"综合治理"充实到安全生产方针当中,始于中国共产党第十六届中央委员会第五次全体会议通过的《中共中央关于制定国民经济和社会发展第十一个五年规划的建议》,并在胡锦涛总书记、温家宝总理的讲话中进一步明确。

2005 年 10 月 11 日,中共中央第十六届五中全会通过的《中共中央关于制定国民经济和社会发展第十一个五年规划的建议》指出:"保障人民群众生命财产安全。坚持安全第一、预防为主、综合治理,落实安全生产责任制,强化企业安全生产责任,健全安全生产监管体制,严格安全执法,加强安全生产设施建设。切实抓好煤矿等高危行业的安全生产,有效遏制重特大事故。"

中共中央政治局常委、国务院总理温家宝于 2006 年 1 月 23～24 日,在北京召开的全国安全生产工作会议上指出:"加强安全生产工作,要以邓小平理论和'三个代表'重要思想为指导,以科学发展观统领全局,坚持'安全第一、预防为主、综合治理',坚持标本兼治、重在治本,坚持创新体制机制、强化安全管理。"

中共中央总书记胡锦涛于 2006 年 3 月 27 日下午主持中共中

央政治局第 30 次集体学习时强调："加强安全生产工作,关键是要全面落实'安全第一、预防为主、综合治理'的方针,做到思想认识上警钟长鸣、制度保证上严密有效、技术支撑上坚强有力、监督检查上严格细致、事故处理上严肃认真。"

安全第一,是强调安全、突出安全、安全优先,把安全放在一切工作的首位,要求各级政府和煤矿领导及职工把安全生产当做头等大事来抓,切实处理好安全与效益、安全与生产的关系。当生产、建设等与安全发生矛盾时,安全是第一位的,要树立人是最宝贵的思想,努力做到不安全不生产、隐患不处理不生产、措施不落实不生产,在确保安全的前提下,实现生产经营的各项指标。"安全第一"是衡量煤矿安全工作的硬性指标,必须认真贯彻执行。

预防为主,是实现"安全第一"的前提条件。要不断地查找隐患,谋事在先,尊重科学,探索规律,采取有效的事前控制措施,防微杜渐、防患于未然,把事故、隐患消灭在萌芽阶段。虽然在生产经营活动中还不可能完全杜绝事故发生,但只要思想重视,按照客观规律办事,运用安全原理和方法,预防措施得当,事故特别是重大恶性事故就可以大大减少。

综合治理,就是综合运用经济手段、法律手段和必要的行政手段,从发展规划、行业管理、安全投入、科技进步、经济政策、教育培训、安全立法、激励约束、企业管理、监管体制、社会监督以及追究事故责任、查处违法违纪等方面着手,解决制约安全生产的历史性、深层次问题,建立安全生产长效机制。

把"综合治理"充实到安全生产方针之中,反映了近年来我国在进一步改革开放过程中,安全生产工作面临着多种经济所有制并存,而法制尚不健全完善、体制机制尚未理顺,以及急功近利的只顾快速不顾其他的发展观;充分反映了近年来安全生产工作的规律特点。所以要全面理解"安全第一、预防为主、综合治理"的安全生产方针,绝不可脱离当前我国面临的国情。

煤矿安全生产方针是煤矿安全生产管理的基本方针。贯彻落实好这个方针，对于处理安全与生产以及其他各项工作的关系，科学管理，搞好安全，促进生产和效益提高，推动各项工作的顺利进行有重大意义。

二、煤矿安全生产方针的贯彻落实

从实践中看，贯彻落实煤矿安全生产方针应当做到以下三点：

1. 坚持管理、装备、培训并重的原则

这是我国煤矿安全生产实践经验的总结，也是贯彻落实煤矿安全生产方针的基本原则。管理体现人的主观能动性和创造性，体现了对煤矿生产经营进行的计划、组织、指挥、协调和控制。先进科学的管理是煤矿安全生产的重要保证，如遵守《煤矿安全规程》，推行 ISO9000 质量管理标准等。严格和科学的管理，可弥补装备上的不足，能减少事故，保障安全生产。装备是煤矿职工进行作业、创造安全环境的工具，先进的技术装备可以提高工作效率，创造良好的安全环境，避免事故的发生。培训是提高职工素质的主要手段，许多事故的发生主要是无证上岗，无岗前和岗中培训，致使法规和安全意识淡薄或缺乏专业技术知识造成的。只有强化安全知识及操作技能培训，才能提高职工队伍素质，才能保证职工正确操作先进的装备和应用先进的技术，才能进行科学管理。只有坚持管理、装备、培训并重的原则，才能真正落实好煤矿安全生产方针。

2. 坚持煤矿安全生产方针的标准

1985 年，全国煤矿安全工作会议提出了全面落实安全生产方针的 10 条标准，其中多条至今仍有重要的指导作用。如：企业管理的全部内容和生产的全过程都要把安全放在首位，任何决定、办法、措施都必须有利于安全生产；把坚持"安全第一"方针作为选拔、任用、考核干部的重要内容；把安全工作纳入党政工作的重要议事日程和承包内容，把安全技术措施工程、安全培训列入年度和月份生产和工作计划；建立健全安全生产责任制，层层落实；人、财、物优先保证安全生产需要；严肃认真、一丝不苟地执行《煤矿安全规程》、安全指令和文件；思想政治工作要贯穿到安全生产全过程等等。在当今安全生产法等各项法规逐渐完善、生产技术进一步发展的形势下，这些标准还应不断充实完善。

3. 坚持各项行之有效的措施

为了深入贯彻安全生产方针，必须坚持采取以下各项措施：

（1）要强化安全法律观念。随着我国法律建设的深入，安全生产法律法规体系已经建立，在此情况下，必须树立依法行事、依法治理安全的观念。出了事故，不仅要追究有关责任人的行政、党纪责任，而且要依法追究有关人员的法律责任。因而工作实际中必须上紧安全法律这根弦，时刻牢记依法办事。

（2）建立健全安全生产责任制。安全生产涉及方方面面，是一个多环节、多层次的系统工程，某一个层次、某一个环节的失误就可能导致事故的发生，因而必须严把每一环节、每一层次、每一人员的安全生产关。这就需要建立健全一套完善的安全生产责任制，将安全生产责任细化到每一个岗位、分解到每一个人员。

（3）建立安全生产管理机构或配备专职安全生产管理人员。《中华人民共和国安全生产法》规定：矿山应当设置安全生产管理机构或者配备专职安全生产管理人员。煤矿企业作为矿山企业中灾害最为严重、作业环境恶劣、危险因素多的高危企业，若没有一个专门的机构或专门的人员去管理、检查、监督生产过程中的各种危险因素和责任的落实，要想实现安全生产只能是一句空话。

（4）认真组织安全生产检查。国家法律、法规、行业规程明确规定：煤矿企业要进行经常的、定期的、监督性的安全生产检查和日常安全巡回检查，这是搞好安全生产的一个重要措施。检查要在认真上做文章，要把提前打招呼，让人们准备迎接检查，变为不打招呼，随时抽查，突击检查，也可用拉网式检查，还可以复查。安全检查应以企业为主,政府、行管部门及相关部门根据安全生产形势的状况,也应组织进行。

(5)加大煤矿安全监察力度。煤矿安全监察机构是执法机构,要做到从严执法,公正执法。依据《中华人民共和国安全生产法》、《中华人民共和国矿山安全法》、《中华人民共和国煤炭法》、《煤矿安全监察条例》、《煤矿安全规程》等法律、法规和行业规章,对不具备安全生产条件的矿井,要坚持依法整治,做到该取缔的取缔,该关闭的关闭,该整改的整改,绝不姑息迁就;对煤矿存在的不安全生产因素及事故隐患,要责令煤矿企业限期处理和改正;要强化对持证上岗和相关业务技能培训的监察,切实加大监察执法力度。

(6)加强安全技术教育培训工作。这是搞好安全工作的基础和主要内容之一,是实现安全生产状况根本好转的重要途径。各部门要根据各自职能,积极开展安全生产方针、安全法律法规、本矿安全现状、安全措施、安全知识、安全技能、生产技能教育,开展矿长、总工、区队长、班组长、特殊工种人员的上岗资格培训,使全体职工懂法,熟知安全技术知识,掌握操作技能,自觉遵法遵章,以减少和杜绝事故发生,确保安全生产。

(7)关口前移,做好事故预防工作。预防为主是搞好安全的必要措施。做好事故预防,要求职工对矿井环境、自然灾害因素、事故隐患、生产过程中不安全问题事先了解和熟悉,从管理角度研究,从安全措施上预防控制事故,把预防放在主要位置,预防在先,措施得力,处处谨慎,项项落实,以达到防止灾变、控制事故发生之目的。

(8)做好事故调查和处理工作。发生事故后,要按规定向上级报告,并及时组织应急处理、抢险救灾、调查处理。要坚持四不放过原则,即事故原因没有查清不放过;事故责任者没有严肃处理不放过;广大职工没有受到教育不放过;防范措施没有落实不放过。

（9）加大对事故责任人的处罚力度。应按照国务院 302 号令的要求，依法落实对事故责任人的处罚，以起到惩罚本人、警示他人的作用，以营造一种对安全工作不力、失职即被追究责任的氛围，使人人都重视安全，人人都从本职做好安全工作。

第二节　煤矿安全生产法律法规

一、煤矿安全生产法律法规体系

新中国成立以来特别是改革开放以来，我国的立法工作发展较快，煤矿安全法律法规体系已基本形成。主要有四个部分：一是全国人大及其常务委员会颁布的关于安全生产的法律；二是国务院颁布的关于安全生产的行政法规；三是省（自治区、直辖市）级人大及其常务委员会颁布的关于安全生产的地方性法规；四是国务院有关部委、省级人民政府颁布的关于安全生产的规章和地方规章。我国煤矿安全法律法规体系主要内容有：

（1）法律有《安全生产法》、《煤炭法》、《矿山安全法》、《劳动法》、《矿产资源法》等。

（2）行政法规有《煤矿安全监察条例》、《煤炭生产许可证管理办法》、《乡镇煤矿管理条例》、《矿山安全法实施条例》、《特别重大事故调查程序暂行规定》、《企业职工伤亡事故报告和处理规定》等。

（3）地方性法规有《××省矿山安全法实施办法》、《××省煤炭法实施办法》等。

（4）部门规章和地方政府规章有《煤矿安全规程》、《爆破安全规程》、《特种作业人员安全技术培训考核管理办法》等。

二、主要安全生产法律法规

（一）《中华人民共和国安全生产法》主要内容

该法从提出立法建议到出台，历经 21 年。它作为我国安全生产的综合性法律,具有丰富的法律内涵和规范作用。其内容体现了"三个代表"、与时俱进、安全责任重于泰山的重要思想,反映了党和政府以人为本、重视人权的社会主义本质,总结了我国安全生产正反两方面的经验,体现了依法治国的基本方略。具体内容共有七章97条。第一章总则、第二章生产经营单位的安全生产保障、第三章从业人员的权利和义务、第四章安全生产的监督管理、第五章生产安全事故的应急救援与调查处理、第六章法律责任、第七章附则。

(二)《中华人民共和国矿山安全法》主要内容

该法共八章50条。第一章总则、第二章矿山建设的安全保障、第三章矿山开采的安全保障、第四章矿山企业的安全管理、第五章矿山安全的监督和管理、第六章矿山事故处理、第七章法律责任、第八章附则。其主要内容包括:矿山建设工程的安全设施必须和主体工程同时设计、同时施工、同时投入生产和使用;矿井的通风系统,供电系统,提升、运输系统,防水、排水系统和防火、灭火系统,防瓦斯和防尘系统必须符合矿山安全规程和行业技术规范;矿山企业职工有权对危害安全的行为提出批评、检举、控告;矿山企业必须对职工进行安全教育、培训,未经安全教育、培训的,不得上岗作业;矿山企业安全生产的特种作业人员必须接受专门培训,经考核合格取得操作资格证书的,方可上岗作业;矿长必须经过考核,具备安全专业知识,具有领导安全生产和处理矿山事故的能力;矿山企业必须对瓦斯爆炸、煤尘爆炸、冲击地压、瓦斯突出、火灾、水害、冒顶等危害安全的事故隐患采取预防措施;已投入生产的矿山企业,不具备安全生产条件而强行开采的要责令限期改进,逾期仍不具备安全生产条件的,责令停产整顿或吊销其采矿许可证和营业执照;矿山企业主管人员违章指挥、强令工人冒险作业,导致发生重大伤亡事故的,和对矿山事故隐患不采取措施,导致发生重大伤亡事故的,依照刑法规定追究刑事责任等。这些内容都从矿山建设和开采的安全保障、矿山企业的安全管理、安全监督和管理及法律责任等方面作了法律界定和要求,无疑对规范矿山安全生产起到保障作用。

(三)《中华人民共和国煤炭法》主要内容

该法共八章 81 条。第一章总则、第二章煤炭生产开发规划与煤矿建设、第三章煤炭生产与安全管理、第四章煤炭经营、第五章煤矿矿区保护、第六章监督检查、第七章法律责任、第八章附则。该法确立了坚持安全第一、预防为主的安全生产方针,提出了保障国有煤矿的健康发展;开发利用煤炭资源,应当遵守环保法规、法律,做到使环境保护设施与主体工程同时设计、同时施工、同时验收、同时投入使用;严格实行煤炭生产许可证制度和安全生产责任制度及上岗作业培训制度;加强矿区保护,加强煤矿企业监督检查,要求煤矿企业依法办事;维护煤矿企业合法权益,禁止违法开采、违章指挥、滥用职权、玩忽职守、冒险作业,依法追究煤矿企业管理人员违法责任等。该法对煤矿企业的健康发展具有重大意义。

(四)《煤矿安全监察条例》主要内容

该条例于 2000 年 11 月 7 日以国务院第 296 号命令颁布,于 2000 年 12 月 1 日起施行。共五章 50 条。该条例明确了煤矿安全监察制度、权力、地位、职责、监察内容、行政处罚种类、工作原则及与政府的关系等,是我国第一部较为全面的煤矿安全监察的行政法规,是依法监察的法律武器,填补了煤矿监察法规空白,对于依法治矿,促进安全生产具有重大意义。

(五)《煤矿安全规程》(简称《规程》)主要内容

2011 版《规程》于 2011 年 1 月 25 日由国家煤矿安全监察局发布,自 2011 年 3 月 1 日起施行。2011 版《规程》共有四篇 751 条。第一篇总则,规定煤矿必须遵守有关安全生产的法律法规、规章规程、标准和技术规范,建立各类人员安全生产责任制;明确职工有权停止违章作业、拒绝违章指挥。第二篇井工部分,规定开采、"一通三防"管理、提升运输、机电管理,以及爆破作业涉及的安全生产行为标准。第三篇露天部分,规范了采剥、运输、排土、滑坡和水火防治、电气及设备检修标准。第四篇职业危害,规定必须做好职业危害的防治与管理工作和职业卫生劳动保护工作,使职工健康得到保护。该《规程》为第七次修订本,是我国煤矿安全管理方面最全面、最具体、最权威的一部基本规程,是国家有关法律和法规的具体化。

（六）入井基本知识

《规程》规定:每一入井人员必须随身携带自救器;每一入井人员必须戴安全帽,携带矿灯;严禁携带烟草和点火物品;严禁穿化纤衣服;入井前严禁喝酒。

（1）井下发生火灾或瓦斯、煤尘爆炸事故,造成伤亡,其大多数情况是火灾和瓦斯、煤尘爆炸产生的有害气体,如 CO、CO_2 等引起人员中毒和窒息而导致死亡。这些中毒和窒息致死的人员,如果随身携带自救器,则可以减少上述灾害造成的伤亡。由此可见,在煤矿作业中随身携带自救器是非常重要的。

（2）人脑颅骨的伤害极易造成人的重伤和死亡事故,颅骨暴露在人体上方,是极容易受到碰撞、刮、卡等机械性损伤的部位,安全帽的外壳配有一个缓冲体,如果戴上安全帽,则在遇到上述伤害时,可大大减轻其伤害程度。

（3）在工作中穿化纤衣服易产生静电蓄积,一旦遇到导体等放电时,蓄积能量的放电火花,可能引起瓦斯和煤尘爆炸事故。另外化纤衣服有的易引燃,引燃后容易黏结烫伤人体。

（4）矿灯在井下是矿工的眼睛,因此它首先须有足够的照明度,不准有充电不足的矿灯,矿灯自领出后,最低限度应能连续正常使用 11 h 。有瓦斯和煤尘爆炸危险的矿井中,矿灯的结构还必须满足隔爆的要求。

复习思考题

1. 煤矿安全生产方针的内容是什么？
2. 《中华人民共和国安全生产法》的主要内容是什么？
3. 《中华人民共和国煤炭法》的主要内容是什么？
4. 《煤矿安全监察条例》的主要内容是什么？

第二章　煤矿安全知识

第一节　有关安全规定

一、从业人员在安全生产方面的权利和义务

（一）从业人员在安全生产方面的权利

（1）有安全生产方面的知情权和建议权；有了解作业场所和工作岗位存在的危险因素、防范措施及事故应急措施的权利；有权对本单位的安全生产工作提出建议。

（2）有获得符合国家标准的劳动防护用品的权利。

（3）有权对本单位安全生产工作中存在的问题提出批评、检举、控告；有权拒绝违章指挥和强令冒险作业。

（4）发现直接危及人身安全的紧急情况时，有停止作业或者采取紧急避险措施的权利。

（5）在发生事故后，有获得及时抢救和医疗救治并获得工伤保险赔付的权利等。

（6）因生产安全事故受到损害的从业人员，除依法享有工伤社会保险外，依照有关民事法律尚有获得赔偿的权利的，有权向本单位提出赔偿要求。

（二）从业人员在安全生产方面的义务

（1）在作业过程中，必须遵守本单位的安全生产规章制度和操作规程，服从管理，不得违章作业。

（2）接受安全生产教育和培训，掌握本职工作所需要的安全

生产知识,提高安全生产技能,增强事故预防和应急处理能力。

(3)发现事故隐患或者其他不安全因素,应当立即向本单位安全生产管理人员或本单位负责人汇报。接到报告的人员应当及时予以处理。

(三)掘进工岗位责任制

安全生产责任制是其他各项安全生产规章制度得以保证实施的根本所在。这项制度明确规定工人对所在岗位的安全工作负责,作业中必须认真执行岗位安全责任制。因此,掘进工必须做到以下几点:

(1)认真学习上级有关安全生产的指示、规定和安全技术知识,熟悉并掌握安全生产基本功。

(2)自觉执行安全生产各项规章制度和操作规程,遵守劳动纪律,有权制止任何人违章作业,有权拒绝任何人违章指挥。

(3)爱护和正确使用个人防护用品和防护用具。

(4)积极参与安全生产的各项活动,积极提出有关安全生产的合理化建议,搞好安全文明生产。

(5)按时参加班前、班后会,自觉接受安全教育培训,认真执行班前安全排查制度,做到不安全保证不生产。

(6)搞好安全自保互保工作,杜绝各类事故发生。

(7)按时、保质、保量完成当班工作任务。

掘进工作工序较多,要求各工种之间密切配合,协调作业。同时,由于作业方式的不同,有时需要作业人员承担不同工种的任务,身兼数职,这就要求掘进工必须熟悉相关工种的岗位安全职责。

1. 耙斗机司机安全生产岗位责任制

(1)必须经过专业培训,持证上岗,遵守"三大规程",遵守劳动纪律。

(2)接班后首先检查各部件的完好情况,发现问题,及时处理。

(3)操作时,精力要集中,看准信号,注意耙斗跑道两帮情况,防止耙斗发生碰撞。

（4）必须目视前方，站立操作，做到耙渣不行人，行人不耙渣，耙渣前要作空斗试运转。

（5）装岩操作时，严禁猛拉，以免拉出固定楔伤人；不得硬拉，以免断绳伤人。

（6）耙斗机在移动安装中，严禁带电作业，在倾斜巷道中，要有防止机身下滑的安全装置。

（7）停车前应将斗子拉到簸箕口处，定期检查导向轮。

2. 喷浆工安全生产岗位责任制

（1）严格执行"三大规程"和上级下达的各项安全规定、指示、指令。

（2）认真检查喷头、软带、管路是否磨损，连接处是否严密，发现有磨薄、磨穿或漏气情况要及时更换处理。

（3）认真检查巷道尺寸，喷浆要挂线，基础深度满足设计要求。对作业地点的电缆、管线、风筒等设备要妥善保护。

（4）行使《中华人民共和国安全生产法》赋予工人的权利和义务，抵制违章指挥，不违章作业。

（5）喷完浆要及时清理回弹料，处理赤脚，并按要求把喷浆管盘好，并放到指定位置。

3. 打眼工安全生产岗位责任制

（1）打眼前认真检查施工地点的帮顶及支护情况，严禁在不完好支护下进行操作。有隐患，先处理，后打眼。

（2）眼位过高，钻架高度不够时，必须搭设牢固的工作台。

（3）打眼前，认真检查打眼工具的完好情况，发现问题，及时处理。

（4）打眼前要协助验收员拉好中、腰线，严格按验收员标定的眼位、角度打眼。

（5）严格按照爆破图表所规定的炮眼个数、眼位、角度等参数进行打眼。

(6) 放炮后,检查爆破效果,以便总结经验教训,提高打眼水平。

(7) 搞好自保和互保,做到不违章作业。

(8) 打眼过程中,发现透水、透老空和有突出预兆时,要立即停止工作,撤到安全地点,汇报后处理。

4. 领钎工安全生产岗位责任制

(1) 作业前严格执行"敲帮问顶"制度,在处理浮矸活石后,方可作业。

(2) 接班前备足钎子,领钎时,先做好敲帮问顶工作,当钎子钻入 30 mm 后,应立即躲开工作面,以免震落煤、矸伤人。

(3) 负责整理好退路,保证退路畅通。

(4) 领钎时要站在钻机的一侧,两手抓钻杆,对准标好的眼位,向打眼工发出信号。待钻杆钻到一定深度时两手松开,退到机身后侧监护。

(5) 领钎工作业时,严禁戴手套。

(四) 发生灾害的自救方法

1. 掘进工作面发生火灾时自救方法

(1) 要尽最大可能了解和判明事故的性质、地点、范围和事故区域的巷道、通风系统、风流情况及火灾烟气蔓延的速度、方向,立即报告调度室;并根据"应急预案",确定撤退路线和自救的方法。

(2) 正确佩戴好自救器,采用与火灾类型相应的灭火器材进行现场救灾,力争将火灾消灭在初始阶段。

(3) 自己位于回风侧或是在撤退途中遇到烟气有中毒危险时,应迅速戴好自救器,尽快通过捷径撤到新鲜风流中去;或是在烟气没有到达之前,顺着风流尽快从回风出口撤到安全地点。

(4) 如果在自救器有效作用时间内不能安全撤出时,应寻找有压风管路系统的地点,利用压缩空气供呼吸用。

（5）撤退中应靠巷道有连通出口的一侧行进，避免错过脱离危险区的机会，同时还要随时观察巷道和风流的变化情况，谨防风流逆转。

（6）如果巷道已经充满烟雾，要迅速辨认出发生火灾的区域和风流方向，俯身摸着轨道或管路外撤。

（7）沿火灾避灾路线迎着新鲜风流走出危险区，如果撤退路线已被火烟隔绝不能通行，应尽快进入避难硐室进行自救，等待救护队营救。

2. 发生水灾时的自救方法

（1）井下突然发生透水事故时，现场人员应立即报告调度室，并就地取材迅速加固工作面，堵住出水点，防止事故继续扩大。

（2）如情况紧急，水势很猛，则沿避灾路线迅速撤至上一水平或地面，切勿进入透水水平以下的独头巷道；撤离前，应当将撤退路线和目的地报告调度室。

（3）如被水堵在某一段巷道内，应保持镇静，并及时敲打钢轨和铁管，发出求救信号。

（4）在突水迅猛、水流急速的情况下，应立即避开出水口和泄水流，躲避到硐室内、拐弯巷道内或其他安全地点。如情况紧急来不及转移躲避时，可抓牢棚梁、棚腿或其他固定物体，防止被水打到或冲走。

（5）在撤退沿途和经过的巷道交叉口应留下指示行进方向的明显标志，以提示救护人员注意。

3. 发生瓦斯、煤尘爆炸时的自救方法

（1）正确带好自救器，立即向调度室报告事故地点、现场灾害情况。

（2）撤离时要快速、镇静、低行，如因灾害破坏了巷道中的避灾路线指示牌，迷失方向时，撤离人员应迎着风流方向撤退。

（3）在撤退沿途和经过的巷道交叉口应留下指示行进方向的

明显标志,以提示救护人员注意。

(4) 在撤退途中听到或感觉到爆炸声或有空气震动冲击波时,应立即背向声音和气浪的方向,迅速卧倒,脸向下,双手置于身体下面,闭上眼睛,呼吸,头部应尽量着地。有水沟的地方最好躲在水沟边上或坚固的掩体后面,以防火焰和高温气体灼伤皮肤。

(5) 如唯一出口被封堵无法撤退时,应保持镇静,以等待救援人员的营救。

4. 发生煤与瓦斯突出事故的自救方法

(1) 立即向调度室报告事故地点、现场灾害情况,正确戴好自救器。

(2) 撤离时要快速、镇静、低行,如因灾害破坏了巷道中的避灾路线指示牌,迷失方向时,撤退人员应迎着风流方向撤退。

(3) 在撤退沿途和经过的巷道交叉口应留下指示行进方向的明显标志,以提示救护人员注意。

(4) 在撤退途中听到或感觉到爆炸声或有空气震动冲击波时,应立即背向声音和气浪的方向,迅速卧倒,脸向下,双手置于身体下面,闭上眼睛,呼吸,头部应尽量着地。有水沟的地方最好躲在水沟边上或坚固的掩体后面,以防火焰和高温气体灼伤皮肤。

(5) 突出过后,要快速撤到掘进工作面避难硐室或采区避难所,如距离避难硐室或采区避难所较远,可到矿井专设的压风自救装置处避难。

第二节　防治瓦斯和煤尘知识

一、矿井瓦斯灾害的预防和治理方法

（一）矿井瓦斯的性质

(1) 瓦斯是无色、无味的气体;

(2) 瓦斯在标准状态下密度为 0.716 kg/m^3,为空气密度的

0.554倍,比空气轻,容易积存在巷道的顶部或掘进上山工作面的迎头上。

(3)瓦斯在空气中具有较强的扩散性,局部地点较高浓度的瓦斯会自动向低浓度的区域扩散,从而使瓦斯浓度趋于均匀。

(4)瓦斯的渗透性很强。瓦斯能穿过煤岩层中的微小空隙向采掘空间涌出,甚至喷出或突出。

(5)瓦斯具有燃烧性和爆炸性。瓦斯在空气中的含量达到一定浓度,遇到高温热源时,能引起燃烧或爆炸。

(二)瓦斯的危害

(1)瓦斯爆炸产生大量的有毒有害气体,特别是一氧化碳,会造成大量人员伤亡。

(2)瓦斯爆炸产生高压气体形成冲击波,造成顶板塌落、煤壁崩塌,通风设施破坏、设备毁坏等,同时使爆炸地点的人员大量伤亡。

(3)由于爆炸时产生1 850~2 650 ℃的高温,往往引起井下巷道支架或煤的燃烧,形成火灾,还会引起煤尘爆炸。

(三)防止瓦斯爆炸的措施

瓦斯爆炸必须具备三个条件:瓦斯浓度5%~16%,650~750 ℃的火源,充足的氧气。这三个条件缺少任何一个都不会发生瓦斯爆炸。由于井下工作人员需要氧气,因此,预防瓦斯爆炸只能从防止瓦斯积聚和消除火源这两个方面入手。

1. 防止瓦斯积聚的措施

(1)加强通风

加强通风是防止瓦斯积聚的有效措施。掘进巷道必须采用矿井全风压通风或局部通风机通风,压入式局部通风机和启动装置必须安装在进风巷道中,距掘进巷道回风口不得小于10 m,防止产生循环风。

加强通风机管理和风筒的维护,防止风筒漏风,风筒吊挂要平直,因爆破崩坏的风筒要及时粘补。风筒出风口距工作面的距离应保证工作面有足够的风量。掘进临时停工,不准停风。局部通风机应指定专人看管,严禁随意开、停。

(2) 加强瓦斯检查

矿井必须建立瓦斯、二氧化碳和其他有害气体检查制度,经常检查矿井空气中的瓦斯浓度,防止瓦斯超限是防止瓦斯爆炸的重要措施。瓦斯矿井必须建立瓦斯监测监控系统,矿长、矿技术负责人、爆破工、采掘区队长、通风区队长、工程技术人员、班长、流动电钳工下井时,必须携带便携式甲烷检测仪。瓦斯检查工必须携带便携式光学甲烷检测仪,安全监测工必须携带便携式甲烷检测报警仪或便携式光学甲烷检测仪,及时发现和处理瓦斯积聚,严禁瓦斯超限继续作业。

(3) 及时处理局部瓦斯积聚

在巷道的冒落空洞、盲巷、独头巷道以及风速达不到的其他地方,出现瓦斯浓度在 2% 以上,体积在 0.5 m³ 以上的现象,叫做局部瓦斯积聚。

经检查发现局部瓦斯积聚时,要及时处理。巷道冒落空洞积聚瓦斯的处理方法一般有充填置换法、分支导风管法、导风板法、隔离抽风法等四种。

2. 防止瓦斯引燃的措施

(1) 严格井口检查制度,禁止在井口房周围 20 m 范围以内或井下使用明火和吸烟。

(2) 井下不准出现明火和灼热的金属板或金属丝。如果必须在井下主要硐室、主要进风巷道和井口房内从事电焊、气焊和使用喷灯焊接等工作,必须制定安全措施,报矿总工程师审批。

(3) 严格执行"一炮三检制度"。瓦斯浓度达到 1% 时不准装药、爆破,井下爆破必须按《煤矿安全规程》规定,选用煤矿许用炸药和煤矿许用雷管,并使用防爆型发爆器。

（4）电气设备的防爆性能要经常检查,不符合要求时要及时更换和修理。井下严禁带电检修和迁移电气设备。

（5）严格火区管理,要按《煤矿安全规程》规定检查火区密闭墙,严防高温和瓦斯积聚。

（6）井下电动机、通风机启动前,必须在其附近 10 m 内检查瓦斯,瓦斯浓度小于 0.5％时才能启动。

（7）加强矿灯管理,发放的矿灯要符合要求,严禁在井下拆开、敲打、撞击矿灯。

（四）掘进巷道瓦斯排放

因临时停电或其他原因,局部通风机停止运转,在恢复通风前,首先必须检查瓦斯。当停风区内瓦斯超限、排放积聚瓦斯时,必须严格执行分级管理有关规定。如果停风区中瓦斯浓度超过 1％或二氧化碳浓度超过 1.5％,瓦斯和二氧化碳浓度最高不超过 3.0％,实行一级管理,必须采取安全措施,控制风流排放瓦斯;如果停风区中瓦斯浓度或二氧化碳浓度超过 3.0％,实行二级管理,必须制定安全排放瓦斯措施,报总工程师批准。在排放瓦斯过程中,应注意以下事项:

（1）排放独头巷道积聚的瓦斯,必须先检查瓦斯浓度,计算排放瓦斯量、供风量和排放时间,制定控制排放瓦斯的方法,严禁“一风吹”。开动局部通风机前,必须检查局部通风机及其开关附近 10 m 内的巷道内瓦斯浓度,当其浓度不超过 0.5％时,方可人工送电开动局部通风机,并控制风量排放瓦斯。

控制排放瓦斯方法,可采用由外向里逐节掐断风筒、错口排放瓦斯法或采用麻绳系紧排放瓦斯法。

（2）确定排放瓦斯的流经路线和方向,控制风流控制设施的位置、各种电器设备的位置、通讯电话的位置、瓦斯探头监测位置等。必须做到文图齐全,并在图上注明。

（3）明确停电撤人范围。凡是受排放瓦斯影响的硐室、巷道和被排放瓦斯流经路线切断安全出口的采掘工作面,必须撤人,停止作业,指定警戒人员的位置,禁止其他人员进入。

(4)排放瓦斯流经的巷道内的电气设备,必须指定专人在采区变电所和配电点两处同时切断电源,并设警戒牌和专人看管。

(5)排放时要时刻注意控制风流,由巷道外向里逐段排放,使排出的风流在同全风压风流混合后的瓦斯和二氧化碳浓度不超限。当瓦斯浓度超过 1.5% 时,应指令调节风量人员减少向独头巷道送入的风量。

(6)排放瓦斯时,禁止局部通风机产生循环风。

(7)瓦斯排出之后,只有经过检查,证实巷道风流中瓦斯浓度不超过 1%,二氧化碳浓度不超过 1.5%,且稳定 30min 后,方可指定专人恢复局部通风机供风和巷道中一切电气设备的电源。

二、掘进工作面煤与瓦斯突出防治措施

(一)煤与瓦斯突出的一般规律

(1)突出危险性随开采深度的增加而增大。

(2)突出危险性随煤层厚度的增加而增大,尤其是软分层的增厚。

(3)突出大多发生在掘进工作面。

(4)突出多发生在地质构造带。

(5)突出征兆。突出征兆分为无声征兆和有声征兆。

无声征兆包括:

① 煤层结构变化。层理紊乱,煤质变软、变暗,易粉碎;煤层倾角变大、变厚或变薄;煤层出现断层、断裂、波状起伏,煤岩严重破坏等。

② 工作面压力增大,出现掉渣、片帮,工作面煤壁开裂,煤壁外鼓、底鼓和炮眼严重变形等。

③ 瓦斯涌出增大或涌出忽大忽小。

④ 打钻时夹钻、顶钻。

⑤ 有时在突出发生前,还会出现煤壁和工作面气温降低,有特殊气味等。

有声征兆包括:煤层中有煤炮声,深部岩石或煤层出现破裂声,有时引起煤壁震动,支架发出劈裂声等。

⑥ 除自然因素外,对突出来说,采掘作业是一个诱导因素。

(二)预防煤与瓦斯突出的措施

1. 煤与瓦斯突出危险性预测

突出危险性预测是防突综合措施的第一个环节。煤层的突出危险性预测,就是利用煤层的煤结构、煤的力学性质、瓦斯、地应力等的某些特征及其变化,或突出前的预兆等,事先确定煤层的突出危险程度。煤层的突出危险性预测又分区域预测和工作面预测。预测的目的是确定突出危险的区域和地点,以便使防突措施的执行更加有的放矢。

2. 防治突出措施

防治突出措施是防突综合措施的第二个环节。它是防止发生瓦斯突出事故的第一道防线,是在预测突出危险性的基础上实施防突措施。

防突措施分为区域防突措施和局部防突措施两类。区域防突措施有开采保护层、预抽突出煤层瓦斯、突出煤层注水等。局部防突措施有超前排放钻孔、松动爆破、水力冲孔、卸压槽、金属骨架、高(低)位瓦斯预抽巷等。

石门揭穿突出煤层前,必须遵守下列规定:

(1)在工作面距煤层法线距离 10 m(地质构造复杂、岩石破碎的区域为 20 m)之外,至少打 2 个前探钻孔,掌握煤层赋存条件、地质构造、瓦斯情况等。

(2)在工作面距煤层法线距离 5 m 之外,至少打 2 个穿透煤层全厚或见煤深度不小于 10 m 的钻孔,测定煤层压力或预测煤层突出危险性。测定煤层压力时,钻孔应布置在岩层比较完整的地方。对近距离煤层群,层间距小于 5 m 或岩石破碎时,可测定煤层群的综合瓦斯压力。

(3) 工作面与煤层之间的岩柱尺寸应根据防治突出措施要求、岩石性质、煤层倾角等确定。工作面距煤层法线距离的最小值:抽放或排放钻孔为 3 m,金属骨架为 2 m,水力冲孔为 5 m,松动爆破揭穿(开)急倾斜煤层为 2 m,揭开(穿)倾斜或缓倾斜煤层为1.5 m。如果岩石松软、破碎,还应适当加大法线距离。

3. 防治突出措施的效果检验

防治突出措施的效果检验是防突综合措施的第三个环节。为了验证所采用的防突措施的有效性,保证采掘安全,必须在实施措施后进行防突效果的检验。

防治突出措施的效果检验就是根据煤与瓦斯突出的有关规定,对采取防治突出措施后的煤层再进行一次突出危险性指标的测定,根据实测的指标值判断是否降到临界值以下,有无突出危险。

4. 安全防护措施

安全防护措施是防突综合措施的第四个环节,它是防止发生瓦斯突出事故的第二道防线。安全防护措施主要有石门揭穿突出煤层时的松动爆破、采掘工作面的远距离爆破、避难硐室、反向风门以及压风自救系统、隔离式压缩氧自救器与化学氧自救器等个体防护器具。

三、矿井粉尘的预防和灾害的应急处理措施

(一)矿尘的产生

矿井的各个生产环节,如钻眼、爆破、落煤、装煤、放顶,以及运输、提升等都能产生矿尘,尤其是采掘工作面最多,其次是运输系统中的各转载点。产生矿尘的多少因地质构造、煤(岩)性质、煤层赋存条件、采煤方法、采掘机械化程度、通风情况等情况不同而不同。

(二)矿尘的性质

(1) 矿尘中的游离二氧化硅是引起矿工矽肺病的主要原因。煤

矿中常把含有游离二氧化硅的矿尘叫做矽尘,其含量越高,危害越大。

(2) 矿尘沉降速度主要取决于矿尘的粒径和密度,部分取决于矿尘的形状。矿尘直径越小,沉降速度越慢,越能长时间地保持悬浮状态。沉降速度越慢,被人体吸入的机会越多,危害性也就越大。

(3) 矿尘分散度是指各种粒度的矿尘在矿尘总量中的百分比。按粉尘粒度的大小分为四级:小于 2 μm、2~5 μm、5~10 μm、大于 10 μm。如果小粒度的粉尘颗粒数占粉尘总颗粒数的百分比大,表示粉尘的分散度高;反之表示粉尘的分散度低。

(4) 矿尘的浓度。矿尘的浓度是指在单位体积的井下空气中所含矿尘的数量。

(三) 矿尘的危害

矿尘的危害主要表现在两个方面:一是人体肺部长期吸入矿尘,会引起尘肺病;二是有些煤尘在一定条件下会燃烧或爆炸。另外,矿尘还可以直接刺激皮肤,引起皮肤发炎;刺激眼膜,引起角膜炎。

(四) 掘进工作面综合防尘措施

1. 通风除尘

通风除尘要有一定的风速,但风速不能太高,风速太高会扬起沉降的粉尘,使粉尘浓度增高。掘进中的煤巷和半煤岩巷道最高风速不得超过 4 m/s,最低风速不得小于0.25 m/s。掘进中的岩巷最高风速不得超过 4 m/s,最低风速不得小于 0.15 m/s。风速在 1.5~2.0 m/s 时,作业地点的矿尘浓度将降到最低值,这时的风速成为最优排尘风速。

掘进工作面通风除尘效果与通风方式有着密切的关系。采用混合式通风方式进行通风,既可冲淡工作面的瓦斯浓度,又可消除巷道的全断面和全长范围内的粉尘和炮烟,改善巷道内的作业环境。

2. 湿式钻眼

湿式钻眼是采用一定的方式将具有一定压力的水流送到凿岩机(或煤电钻)的钻头处,用水湿润和冲洗钻眼时产生的粉尘,使其成为稀糊状流出炮眼而达到抑制钻眼时粉尘飞扬,降低粉尘浓度的目的。

3. 水炮泥和爆破喷雾

装药时使用水泡泥是减少爆破过程中粉尘产生量的重要措施。爆破喷雾就是在爆破的同时,爆破产生的冲击波打开洒水管阀门,利用喷雾器喷出的水对工作面进行降尘消烟。

4. 喷雾洒水

为避免装岩(煤)或扒矸时粉尘飞扬,装岩(煤)前用水流喷洒煤、岩堆,湿润沉积在表面的矿尘。喷雾是借助喷雾器使水成雾状喷出,将粉尘颗粒捕获而下沉。

5. 净化风流

净化风流是使井巷中含尘的空气通过一定的设施或设备将矿尘捕获的技术措施。目前使用较多的是水幕和湿式除尘装置。

6. 冲洗井巷岩壁

在掘进工作面放炮前后,用水冲洗岩帮和顶板,使落尘保持足够的湿度,避免落尘受震动飞扬起来。

7. 湿式除尘风机

湿式除尘风机是将除尘器与风机合为一体,利用配套风机进行除尘。抽尘风筒可用伸缩负压风筒,除尘方式为湿式过滤。

8. 个体防护

个体防护的工具主要是口罩,要求所有接触粉尘人员必须佩带防尘口罩。

第三节　矿井水、火灾害

一、矿井水灾的征兆和预防措施

(一)矿井水灾的征兆

透水前的预兆有以下几种:

（1）挂汗。煤岩壁上有小水珠。

（2）挂红。附着在煤岩裂隙的表面有暗红色水锈，一般认为是已接近采空区。

（3）出现雾气，水叫。高压积水向裂缝挤压与两壁摩擦而发生嘶嘶的叫声，说明已接近积水区了，若是煤巷掘进，则透水即将发生。

（4）顶板淋水加大。

（5）顶板来压，底板鼓起。

（6）水色发浑，有异味。

（7）工作面有害气体增加，积水区向外散发出瓦斯、二氧化碳和硫化氢等有害气体。

（8）裂隙出现渗水，若出清水，则离积水区尚远；若出水浑浊，则离积水区已近。

（二）矿井水灾的预防措施

（1）严格落实地面防洪、防水措施，对防洪设施严格管理，杜绝雨季时山洪由井筒或塌陷裂隙大量涌入井下而造成水灾。

（2）认真勘察矿井水文地质情况，并标注在矿井水文地质图上。井巷接近老窑积水区、充水断层、陷落柱、强含水层以及打开隔离煤柱时，严格执行探放水制度，认真落实探放水措施。

（3）对积水巷道的位置要测量准确，使新掘巷道避免与之打通。

（4）防水隔离煤（岩）柱应根据相邻矿井地质构造、水文地质条件、煤层赋存条件、围岩性质、开采方法及岩层移动规律等因素，在矿井设计中规定。严禁在各种防水隔离煤（岩）柱中进行采掘活动。

（5）按《煤矿安全规程》要求，井底车场周围及其他有突水危险的采掘区域必须设置防水闸门，突水时防水闸门要及时关闭。防水闸门必须定型设计，防水闸门、防水墙的施工质量必须符合设计规定，防水闸门、防水墙不得漏水。

（6）排水设备能力必须符合《煤矿安全规程》要求，必须有工作、备用和检修的水泵；水仓应及时清理，透水时能正常发挥作用。

（三）掘进工作面探放水

1. 防治水害的原则

在有水害威胁的工作面必须坚持"预测预报、有疑必探、先探后掘、先治后采"的防治水原则。为了防止水灾事故，当巷道掘进到含水体一定距离或在疑问区内掘进时，必须坚持超前探水，探明情况或将水放出，保证安全生产。

2. 掘进工作面探水的方法

在接近积水区时要探明积水区的积水情况和积水边界等，划出积水线、探水线和警戒线。

3. 探放水的要求

在接近积水区掘进前或排放被淹井巷的积水前，必须编制探放水设计方案，并采取防止瓦斯和其他有害气体的安全措施。

《煤矿安全规程》规定，采掘工作面遇到下列情况之一时，必须确定探水线进行探水：

（1）接近水淹或可能积水的巷道、采空区或相邻煤矿时。

（2）接近含水层、导水断层、溶洞和导水陷落柱时。

（3）打开隔离煤柱放水时。

（4）接近可能与河流、湖泊、水库、蓄水池、水井等相通的断层破碎带时。

（5）接近有出水可能的钻孔时。

（6）接近有水的灌浆区时。

（7）接近其他可能出水的地区时。

经探水确认无突水危险后，方可前进。

4. 探水钻孔位置

在打超前钻孔前，应根据水文地质资料的可靠程度和积水区的水头压力、积水量、煤层厚度、硬度，以及抗拉强度等因素来确定探水起点、探水深度、超前距离、钻孔直径和钻孔布置（如图 2-1 所示）。

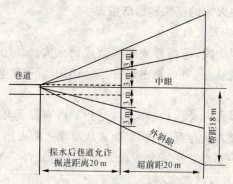

图 2-1 探水孔的超前距和帮距示意图

5. 探水作业注意事项

（1）加强靠近探水工作面的支护，刹背好帮顶，并在工作面掌子头打好坚固的立柱和拦板，防止高压水冲垮煤壁和支架。

（2）探水工作面应经常检查有无有毒有害气体。有毒有害气体超过浓度时，立即停止打钻，切断电源，撤出人员，并报告调度室，然后采取措施进行处理。

（3）探水前，必须规定好人员撤退路线。撤退路线上，禁止堆放杂物；20°以上倾斜巷道必须安设梯子和扶手，并有照明。

（4）检查排水系统，准备好堵水材料。

（5）探水地点必须安设电话，并与受水害威胁的相邻地点有信号联系，一旦透水可立即通知有关人员撤离危险区。

（四）透水时的应急措施

井下突然发生透水事故时，现场人员应立即报告调度室，并就地取材迅速加固工作面，堵住出水点，防止事故继续扩大，如情况紧急，水势很猛，则沿避灾路线迅速撤至上一水平或地面，切勿进入透水水平以下的独头巷道。

二、矿井火灾的征兆和预防措施

（一）矿井火灾的分类

（1）外因火灾，是指外来热源造成的火灾。外因火灾一般发生在矿井工业广场、井下机电硐室、采掘工作面和有电缆的木支架巷道处。

（2）内因火灾又称自燃火灾，是指一些自然物质在一定环境下自身发生物理化学反应，积聚热量从而导致着火而形成的火灾。矿井内因火灾事故隐患主要表现为煤炭自然发火。

（二）煤炭自然发火征兆

（1）煤层的温度、火区附近的空气温度和来自火区的水温都比正常情况下高。

（2）火区附近的氧气浓度降低。

（3）火区附近巷道中湿度增大。

（4）火区附近巷道的壁面和支架表面形成水珠，这种现象称为"煤壁挂汗"。

（5）煤的自燃过程中始终向巷道内释放有毒有害气体，如一氧化碳、二氧化碳和各种碳氢化合物。

（6）煤炭自燃时，在巷道内发出煤油、汽油、松节油和焦油等芳香气味。

（三）预防煤炭自燃的措施

（1）在有自燃倾向煤层布置的集中大巷和总回风巷，必须采用砌碹或锚喷支护。砌碹后的空隙和冒顶处，必须用不燃性材料充填密实。

（2）选择正确的采煤工艺，防止煤炭呈破碎状大量堆积。

（3）采取各种措施防止矿井内部漏风。

（4）采取均压措施消除易发火地点的漏风。

（5）对易发火地点的采空区进行预防性灌浆。

（6）及时清扫巷道内的浮煤。

（7）采用阻化剂防止自燃火灾。

第四节　顶板管理

一、煤层顶底板

煤层顶板和底板是指煤系中位于煤层上、下一定距离的岩层。

（一）煤层的顶板

通常把煤层上部一定范围内的岩层称为顶板。按其与煤层的相对位置不同以及垮落的难易程度,煤层顶板可分为伪顶、直接顶和基本顶。

1. 伪顶

伪顶是紧贴在煤层之上,极易垮落的薄岩层,厚度一般小于0.5 m,常由炭质页岩等岩层组成,采煤时,随着落煤而同时冒落。

2. 直接顶

直接顶一般位于伪顶或煤层（无伪顶时）之上,由一层或几层泥岩、页岩、粉砂岩等比较容易垮落的岩层组成,常在回柱或移架后垮落。

3. 基本顶

基本顶一般是位于直接顶之上或直接位于煤层之上（煤层没有直接顶时）的厚而坚硬的难以垮落的岩层,常由砂岩、沙砾岩、石灰岩等组成。基本顶不随直接顶垮落,能在采空区维持很大的悬露面积。

（二）煤层的底板

位于煤层下部一定距离的岩层称为底板。底板岩层一般由砂岩、粉砂岩、泥岩、砂质页岩、黏土岩或石灰岩等组成。由于岩性和厚度等不同,在采煤过程中破裂、鼓起的情况也不一样,为此,把煤层底板岩石分为直接底和基本底。

1. 直接底

直接底是位于煤层下部与煤层直接接触的强度较低的岩层，通常由泥岩、页岩、黏土岩等岩层组成，当直接底为松软岩石时，易发生底鼓和支柱陷入底板的情况。在急倾斜煤层中，直接底还可能出现沿倾斜滑动的现象，造成巷道支护困难。

2. 基本底

位于直接底的下部，一般多为砂岩或粉砂岩，有的可能有石灰岩作煤层的基本底。

（三）敲帮问顶

敲帮问顶共有两种方法，一种是敲帮问顶法，另一种叫震动问顶法。虽然说这两种方法大同小异，其实做法和用法上都有不同。

1. 敲帮问顶法

操作人员站在工作面的安全地点，用长钢钎捅掉破碎的煤和岩石后，再用斧、镐或钢钎敲打顶板，用来发现顶板的冒顶脱落现象。如声音清脆，则没有剥层；如声音混浊劈啵，则有剥落可能，应当用长钎子把有脱落危险的浮顶浮帮找下来，保证安全。当剥层很厚时，则不好辨认，要用震动问顶法。

2. 震动问顶法

这种方法即左手按住顶板，右手用工具敲击，如左手感到轻微震动，则有剥层，应立即加强支护。

二、临时支护

（一）前探梁的使用

1. 架设梯形棚前探梁注意事项

（1）架设梯形棚所用的前探梁应采用工字钢、轻型钢轨、槽钢等金属材料，固定前探梁可用卡箍或吊棚器，前探梁及固定装置的规格或强度，均应符合作业规程的规定。

（2）前探梁长度不得小于 3.5 m。

（3）放炮后，前探梁前伸，其长度不得大于棚距的 80%，然后紧固吊梁器或卡箍。

（4）在前探梁上应用横放方木接顶，并用小板、木楔固紧。接顶方木必须略高于后方的棚梁。

2. 架设拱形棚铰接前探梁注意事项

（1）铰接梁的规格、型号必须一致，紧固的楔销应配套通用。

（2）放炮后，应尽快拆除最后一节铰接梁和卡具，并及时与最前端的铰接梁用水平调角楔悬臂铰接。

（3）在最前端把棚梁放于悬臂铰接梁上，找正方向和高度后，再用卡具将棚梁与铰接梁固定。

（4）背顶后再挖柱窝和架设柱腿。

3. 锚喷巷道架设前探梁应遵守下列规定

（1）巷宽小于 3 m 时，可在巷道顶使用 2 根前探梁；巷宽大于 3 m 时，应再增加 1 根前探梁。

（2）卡环间距和前探梁的间距，应按作业规程规定的锚杆间、排距确定，卡环的方向必须有可调性。

（3）放炮后，松开卡环，应及时将前探梁伸移到迎头，并用小板、木楔背顶。

（4）按设计位置打入最前排锚杆安装卡环，同时卸下最后排的卡环，将前探梁穿入新安装的卡环内，背好顶后，再进行锚杆支护施工。

（5）安装卡环的锚杆，最大外露长度不得超过 120 mm。

（二）点柱的使用

架设点柱注意事项：

（1）每根点柱都必须戴帽，柱帽的规格应符合作业规程的要求，柱端平面应向上，与柱帽接触处要用木楔打紧，严禁在一根支柱上使用双柱帽和双楔子。

（2）打点柱时，坑木粗头向上，柱帽要居中。水平巷道中的点柱应垂直顶底板，不准歪斜，在倾斜巷道中，每 5°～6° 的倾角支柱应有 1°的迎山角。

（3）根据作业规程规定的排距和柱距挖掘柱窝，并要见实底，如煤层松软可在柱下加木垫。木垫的规格也应符合作业规程的规定。

复习思考题

1. 从业人员在安全生产方面的权利和义务是什么？
2. 矿井瓦斯的性质及危害是什么？
3. 瓦斯爆炸的条件是什么？如何预防瓦斯爆炸？
4. 煤与瓦斯突出的征兆是什么？
5. 预防煤与瓦斯突出的措施有哪些？
6. 矿尘的危害是什么？
7. 掘进工作面综合防尘措施有哪些？
8. 矿井透水的征兆有哪些？
9. 掘进工作面探放水的要求和方法有哪些？
10. 矿井火灾的分类有哪些？
11. 预防煤炭自燃的措施有哪些？
12. 临时支护的形式有哪些？如何使用？
13. 耙斗机司机的岗位责任制是什么？
14. 喷浆工的岗位责任制是什么？
15. 打眼工的岗位责任制是什么？
16. 领钎工的岗位责任制是什么？

第二部分
初级工技术知识和技能要求

第三章　锚喷工初级工基本知识

第一节　锚喷工安全技术操作规程

一、基本要求

（1）锚喷支护工、喷浆机司机必须经过专门培训，考试合格后，方可上岗作业。

（2）锚喷支护工必须掌握作业规程中规定的巷道断面、支护型式和支护技术参数与质量标准，熟练使用作业工具，并能进行故障检查和维修保养。

（3）喷浆机司机要掌握喷浆机和搅拌机的构造、性能、工作原理，并懂得一般性故障的处理及维修、保养方面的常识，熟练掌握喷射混凝土技术。

二、锚喷支护工操作规程

1. 锚喷支护工操作前准备工作

（1）备齐锚杆、锚网、钢带等支护材料和施工机具。

（2）检查施工所需风、水、电。

（3）执行掘进钻眼工相应规定。

（4）检查锚杆、锚固剂等支护材料是否合格。

（5）按中、腰线检查巷道荒断面的规格、质量，处理好不合格的部位。

2. 打锚杆眼的要求

（1）敲帮问顶，检查工作面围岩和临时支护情况。

（2）确定眼位，做出标志。

（3）在钎杆上做好眼深标记。

（4）打锚杆眼时，应从外向里进行；同排锚杆先打顶眼，后打帮眼；断面小的巷道打锚杆眼时要使用长短套钎。

3. 锚杆安装

（1）安装前，应将锚杆眼内的积水、煤岩粉屑清理干净。

（2）检查锚杆眼深度，其深度应保证锚杆外露丝长度为 30 ～ 50 mm。锚杆眼的超深部分应填入炮泥或锚固剂；未达到规定深度的锚杆眼，应补钻至规定深度。

（3）检查树脂药卷，破裂、失效的药卷不准使用。

（4）将树脂药卷按照安装顺序轻轻送入眼底，用锚杆顶住药卷，利用搅拌器开始搅拌，直到感觉有负载时，停止锚杆旋转。树脂完全凝固后，上紧螺母。在树脂药卷没有固化前，严禁移动或晃动锚杆体。

4. 锚杆安装注意事项

（1）施工前，应敲帮问顶。

（2）严禁空顶作业，临时支护要紧跟工作面，最大控顶距满足作业规程规定。

（3）煤巷两帮打锚杆前用手镐刷至硬煤，并保持煤帮平整。

（4）严禁使用不符合规定的支护材料。

（5）锚杆眼的直径、间距、排距、深度、方向（与岩面的夹角）等，必须符合作业规程规定。

（6）安装锚杆时，必须使托盘（或托梁、钢带）紧贴岩面，不得松动。

（7）锚杆支护巷道必须配备锚杆检测工具，锚杆安装后，对每根锚杆进行预紧力检测。按规定对锚杆锚固力进行抽查，不合格的锚杆必须重新补打。

（8）当工作面遇断层、构造时，必须补充专门措施，加强支护。

（9）要随钻孔安装锚杆。

（10）锚杆的安装顺序应从顶部向两侧进行，两帮锚杆先安装上部，后安装下部。铺设、连接金属网时，铺设顺序、搭接及连接长度要符合作业规程的规定。铺网时要把金属网张紧。

（11）巷道支护高度超过 2.5 m，或在倾角较大的上下山进行支护施工，应有工作台。

三、喷射混凝土操作规程

1. 喷射混凝土操作前的准备

（1）检查风管、水管、输料管以及电缆是否完好，有无漏风、漏水、漏电等现象。

（2）检查喷浆机是否完好，并送电空载试运转，紧固好摩擦板，防止漏风。

（3）检查锚杆安装和金属网铺设是否符合设计要求。

（4）输料管路要平直，不得有急弯，接头必须严紧，不得漏风；严禁将非抗静电的塑料管做输料管使用。

（5）喷射混凝土前，按中、腰线检查巷道断面尺寸，清基挖地槽，并安设喷厚标记。

（6）有明显漏水时，应打孔埋设导管导水。

2. 对配拌混凝土料的要求

（1）按设计要求掌握好喷射混凝土的标号，不得使用凝结、失效的水泥及速凝剂，以及含泥量超过规定的沙子和石子。

（2）按设计配比计量配料。

（3）人工或机械配拌料时均需采用潮拌料。人工拌料时，水泥和沙、石应清底并翻拌三遍，使其混合均匀。机械拌料时间应大于 2 min。

（4）速凝剂必须按作业规程规定的掺入量在喷射机上料口均匀加入。

3. 喷浆机的操作规定

(1) 开风,调整水位、风量,保持风压不得低于 0.4 MPa。

(2) 喷射手操作喷头,自上而下冲洗岩面。

(3) 送电,开喷浆机、搅拌机,上料喷射混凝土。

(4) 根据上料情况再次调整风、水量,保证喷面无干斑,无流淌。

(5) 喷射手分段按自下而上、先墙后拱的顺序进行喷射。

(6) 喷射时喷头尽可能垂直受喷面,夹角不得小于 70°。

(7) 喷头距受喷面保持 0.6～1.0 m。

(8) 喷射时,喷头运行轨迹应呈螺旋形,按直径 200～300 mm 一圆压半圆的方法均匀缓慢移动。

(9) 喷射时,一人持喷头喷射,一人辅助照明并负责联络、观察安全和喷射质量。

(10) 喷射混凝土结束时,按先停料、后停水、再停电、最后关风的顺序操作。

(11) 卸开喷头,清理水环和喷射机内外部的灰浆或材料,盘好风水管。

(12) 清理,收集回弹物。

(13) 喷射结束 2 h 后开始洒水养护,28 d 后取芯检测强度。

4. 喷射混凝土注意事项

(1) 一次喷射混凝土达不到要求时,应分次喷射,但复喷间隔时间不得超过 2 h,否则应用高压水冲洗受喷面。

(2) 遇有超挖或裂缝低凹处,应先喷补平整,然后再正常喷射。

(3) 严禁将喷头对准人员。

(4) 喷射过程中,如发生堵塞、停风、停电等故障,应立即关闭水阀门,将喷头向下放置,以防水流入输料管内;处理堵塞时,采用敲击法疏通输料管,喷枪口前方及其附近严禁有人。

（5）在喷射过程中，喷浆机压力表突然上升或下降，摆动异常时，应立即停机检查。

（6）喷射混凝土时严格执行除尘措施，喷射人员戴防尘口罩、乳胶手套和眼镜。

（7）混凝土终凝 2 h 后，应洒水养护。7 d 以内，每班洒水一次养护喷层；7 d 以后，每天洒水一次，持续养护喷层 28 d。

第二节　巷道掘进与支护基础知识

一、矿井巷道分类及用途

（一）矿井巷道分类

（1）按照巷道用途和服务范围，可分为开拓巷道、准备巷道和回采巷道三大类。

（2）按巷道所处空间位置和形状，可分为垂直巷道、水平巷道和倾斜巷道。

（3）按巷道的岩性，可分为岩巷、煤巷和半煤岩巷。

（二）巷道的用途

（1）开拓巷道：为全矿井或一个开采水平服务的巷道。

（2）准备巷道：为采（盘）区和一个以上区段、分段服务的运输、通风巷道。

（3）回采巷道：形成采煤工作面及为其服务的巷道。

二、巷道断面形状的种类、尺寸

（一）巷道断面形状

巷道断面的形状按其构成轮廓线可分为折边形和曲边形两大类。我国煤矿常用的巷道断面是梯形和直墙拱形（半圆拱形、圆弧拱形、三心拱形），其次是矩形。只是在某些特定的岩层或地压情况下，才选用不规则形、封闭拱形、马蹄形、椭圆形和圆形断面。

（1）选择巷道断面形状应根据巷道所处的围岩性质、巷道的服务年限和用途,以及支护材料和支护结构来确定。

(2)矩形断面利用率高,但承载能力低,一般用于顶压、侧压都不大,服务年限短的巷道。如侧压大,矩形巷道两帮支架将发生移动或破坏。

(3)梯形断面利用率较拱形高,但承压性能较拱形差,常用于服务年限不长、断面小或围岩稳定、矿压不大的巷道。

(4)拱形断面常用于服务年限长或围岩不稳定、矿压大的巷道。

(5)在特别松软或膨胀性大的岩层中开掘巷道,当顶压、侧压很大时,可采用曲墙拱形;底鼓严重时,可采用带底拱的封闭拱形;四周压力均匀时,可采用圆形。

(6)沿煤层开掘的巷道,为了不破坏顶板,常根据煤层赋存情况,将巷道开掘成各种不规则形断面。

(二)巷道断面尺寸

巷道断面尺寸主要依据用途来决定,并用所需风量校正,以人员通过方便为原则。《煤矿安全规程》规定:巷道净断面必须满足行人、运输、通风和安全设施及设备安装、检修、施工的需要。

巷道开掘后不加支护的断面称为荒(毛)断面,支护后的断面称为净断面。巷道断面尺寸主要考虑巷道的净高和净宽。

1. 巷道的净宽度

矩形巷道(直墙巷道)的净宽度,是指巷道两侧壁或锚杆露出长度终端之间的水平距离。对于梯形巷道,当巷道内通行矿车、电机车时,净宽度指车辆顶面水平的巷道宽度;当巷道内设置运输机械时,净宽度指从巷道底板起 1.6 m 高水平的巷道宽度;当巷道不放置和不通行运输设备时,净宽指净高 1/2 处的水平距离。

巷道净宽主要取决于运输设备本身的宽度、人行道宽度和相应的安全间隙,无运输设备的巷道净宽可根据通风及行人的要求来选取。

巷道内人行道的宽度和相应的安全间隙在《煤矿安全规程》中有明确的规定：

(1) 新建矿井、生产矿井新掘运输巷的一侧，从巷道道砟面起 1.6 m 的高度内，必须留有 0.8 m（综合机械化采煤矿井为 1 m）以上的人行道，管道吊挂高度不得低于 1.8 m；巷道另一侧的宽度不得小于 0.3 m（综合机械化采煤矿井为 0.5 m）。巷道内安设输送机时，输送机与巷帮支护的距离不得小于 0.5 m；输送机机头和机尾与巷帮支护的距离应满足设备检查和维修的需要，并不得小于 0.7 m。巷道内移动变电站或平板车上综采设备的最突出部分，与巷帮支护的距离不得小于 0.3 m。

(2) 生产矿井已有巷道人行道的宽度不符合上述要求时，必须在巷道的一侧设置躲避硐，2 个躲避硐之间的距离不得超过 40 m。躲避硐宽度不得小于 1.2 m，深度不得小于 0.7 m，高度不得小于 1.8 m，躲避硐内严禁堆积物料。

(3) 在人车停车地点的巷道上下人侧，从巷道道砟面起 1.6 m 的高度内，必须留有宽 1 m 以上的人行道，管道吊挂高度不得低于 1.8 m。

在巷道的曲线段，车辆四角要外伸或内移，应将安全间隙适当加大，一般外侧加宽 200 mm，内侧加宽 100 mm。

2. 巷道的净高度

矩形、梯形巷道的净高度是指自道砟面或底板起至顶梁或顶部喷层面、锚杆露出长度终端的高度。

拱形断面的净高是指自道砟面起至拱顶内沿或锚杆露出长度终端的高度，由壁高和拱高组成，半圆拱的拱高为巷道净宽的一半，圆弧拱及三心拱的拱高常取巷道净宽的 1/3。

《煤矿安全规程》规定：主要运输巷和主要风巷的净高，自轨面起不得低于 2 m。采区（包括盘区）内的上山、下山和平巷的净高不得低于 2 m，薄煤层内不得低于 1.8 m。采煤工作面运输巷、回风巷及采区内溜煤眼等的净断面或净高,由煤矿企业统一规定。

《煤矿安全规程》对巷道净宽、净高及安全间隙的规定,就是为了保证煤矿生产的顺利进行。巷道宽度小于设计,必然导致安全间隙甚至人行道的宽度不够,会影响管线的吊挂和行人的安全。因此,在巷道掘进施工中,应确保巷道的形状、规格尺寸符合设计要求,严防因巷道规格尺寸不合格而影响正常的运输、通风及行人安全。

三、巷道支护

巷道支护的目的在于改善围岩的受力状况,减缓围岩的变形移动速度,维护安全的工作空间。

巷道支护的基本形式包括架棚支护、砌碹支护和锚喷支护。

(一)架棚支护

金属支架具有坚固、耐用、防火、架设方便,可制成各种构件,可回收复用等优点。

1. 梯形支架

金属梯形支架有两种类型,一种为梯形刚性支架,另一种为梯形可缩性支架。一般多用梯形刚性支架,梯形可缩性支架应用较少。

梯形刚性支架为一梁两柱结构。梁柱连接方式多采用在柱腿上焊接一块槽板,梁上焊接一块挡板,可在腿下焊一块钢板底座。

梯形可缩性支架也是一梁两柱结构。顶梁用矿用工字钢,柱腿用 U 型钢,由两节构件组成,用卡缆连接,具有可缩性。

架设梯形金属支架时应遵守下列规定:

(1)严禁混用不同规格、型号的金属支架,棚腿无钢板底座的不得使用。卡缆构件要齐全。

(2)严格按中、腰线施工,并及时延线,保证巷道的坡度和方向。

(3)柱腿要靠紧梁上的挡块,不准打砸梁上焊接的矿用工字钢挡块。

(4) 梁、腿接合处不吻合时,应调整梁腿斜度和方向,严禁在缝口处打入木楔。

(5) 按作业规程规定背帮背顶,并用木楔刹紧,前后棚之间必须上紧拉杆和打上撑木。

(6) 固定好前探梁及防倒器。

2. 拱形支架

金属拱形支架可分为两类,即普通金属拱形支架和 U 型钢拱形可缩性支架。

普通金属拱形支架多采用工字钢、矿用工字钢或轻型钢轨制造,没有可缩性,一般仅作巷道临时支护或与锚喷支护巷道联合支护用,适用于受采动影响显著的采区巷道。

普通金属拱形支架分为无腿、有腿和铰接三种。无腿拱形支架适用于两帮岩石较为稳定的巷道;有腿拱形支架适用于围岩较稳定、压力中等的巷道;铰接拱形支架适用于岩层松软和受采动影响较大的采区巷道。

U 型钢拱形可缩性支架可分为半圆拱、直腿三心拱和曲腿三心拱三种。

架设 U 型钢拱形可缩性支架时应遵守下列规定:

(1) 拱梁两端与柱腿搭接吻合后,可先在两侧各上一只卡缆,然后背紧帮、顶,再用中、腰线检查支架支护质量,合格后即可将卡缆上齐,卡缆拧紧扭矩不得小于 150 N·m。

(2) U 型钢搭接处严禁使用单卡缆。其搭接长度、卡缆中心距均要符合作业规程规定,误差不得超过 10%。

3. 架棚支护安全注意事项

(1) 现场应有班、组长负责指挥协调架棚作业。架棚是由多人分工合作进行的集体活动,为了保证架棚作业安全、有条不紊地进行,应有班、组长负责指挥协调架棚作业。

（2）严格执行敲帮问顶制度。架棚前，必须指派有经验的工人按操作规程严格执行敲帮问顶制度，并有专人监护，将浮矸活石清理干净。如果处理活石时可能有危险，或遇有撬不掉的危岩，必须设置专门的临时支护，其规格、质量应符合作业规程的规定。

（3）必须检查工作地点支架的质量。架棚前应检查工作地点支架的质量，发现不合格的支架，必须先处理后施工。整理维护支架由外向里，逐棚进行，先支新棚再拉老棚。

（4）必须采用金属前探梁等临时支护，严禁空顶作业。架棚支护的巷道，靠近掘进工作面 10 m 内的支护，在爆破前必须用防倒器联锁加固。爆破崩倒、崩坏的支架必须先行修复，之后方可进入工作面作业。修复支架时必须先检查顶、帮，并由外向里逐架进行。爆破后必须立即在工作面向前移动前探支架，没有采用金属前探梁等临时支护的，一律停止作业。前探支架、防倒器的固定方式、位置和根数要符合作业规程的规定。

（5）注意操作安全，保证支护施工质量。按操作规程作业，并按设计规定要求架设，以保证支架的稳定性，防止松散围岩漏顶，造成各支架受力不均而压坏、压垮支架。

（二）砌碹支护

砌碹支护是以料石、砌块为主要原料，以水泥砂浆胶结，或以混凝土现场浇灌而成的连续支护。砌碹支护对围岩能够起到防止风化的作用，具有坚固、耐久、防火、阻水、通风阻力小、材料来源广、便于就地取材等优点。缺点是施工复杂，劳动强度大，成本高，进度慢。一般使用在巷道服务年限超过 10 年以上，围岩十分破碎且很不稳定，同时有大面积淋水和部分淋水，以及水质有化学腐蚀的地段。

砌碹支护在砌碹前要按作业规程要求，在巷道断面进行刷帮、挑顶和拆除临时支护。在砌碹过程中，需要立碹胎、模板和拆模，施工工序复杂，而且由于砌碹支护劳动强度大，大多只在地质条件复杂的时候采用,因此,施工时应特别注意安全。

砌碹支护施工安全注意事项:

(1)砌碹施工工艺复杂,区队干部应与工人一起跟班作业,及时处理施工中出现的事故隐患,保证安全施工。

(2)施工前应对施工地点的支护情况、环境等作全面检查,发现不安全因素,要及时处理,处理后方可进行工作。

(3)掘砌基础的工作必须在临时支护的保护下进行。挖基础沟槽时,一般用风镐、手镐挖掘,岩石特别坚硬时,可打浅眼、少装药爆破将岩石崩松,但必须制定专门的安全措施,防止崩倒临时支架。挖基础沟槽前,要对空帮部位进行安全检查。

(4)立碹胎时要配足人员,由班长或经验丰富的工人统一指挥,保证立胎工作的安全。在砌拱过程中,要经常检查工作台的稳定性,不许工作台上存放过多的料石,防止工作台倒塌。

(5)回胎时要配足人力,在班长或老工人的统一指挥下进行。回收人员必须站在安全的地点,退路必须畅通,严禁无关人员在其附近停留。

(6)有冒顶危险的地区不能掘、砌平行作业。巷道围岩破碎时要短段掘砌。

(7)在上山掘进和砌碹平行作业时,在砌碹工作面上方5～10 m,要设置安全挡;在下山掘进和砌碹平行作业时,除在下山上部设置安全挡以外,砌碹和掘进工作面的上方 5～10 m 处也要设置,以防跑车。同时,对砌碹处的材料和工具等都要有安全存放措施,防止向下滚动伤人。

(三)锚喷支护

锚喷支护是指联合使用锚杆和喷射混凝土或喷浆的支护。

1. 锚杆支护

锚杆支护是在巷道掘进后,先向围岩打眼,在眼内锚入锚杆,把巷道围岩予以加固,充分利用围岩自身的强度,从而达到支护巷道的目的。

锚杆不同于一般的支架,它不只是消极地承受巷道围岩所产生的压力和阻止破碎岩石的冒落,而且还通过锚入围岩内的锚杆来改变围岩本身的力学状态,在巷道周围形成一个整体而稳定的岩石带,锚杆与围岩共同作用而达到支护巷道的目的。因此锚杆支护是一种积极防御的支护方法。

(1)锚杆支护形式

锚杆支护按组合构件可分为 7 类支护:①单体锚杆;②锚杆网;③锚杆钢带;④锚杆梁;⑤锚杆桁架;⑥锚杆锚索;⑦多种组合,包括锚带网、锚梁网、锚杆桁架网、锚带(梁)网索等。

(2)锚杆支护施工安全注意事项

① 巷道锚杆支护施工必须有作业规程,并且严格按作业规程的规定组织施工。

② 锚杆眼必须按作业规程要求的间距和排距布置,锚杆至迎头的间距必须小于锚杆的设计排距。

③ 打眼前,必须敲帮问顶,撬掉活矸,按规定架设临时支护,严禁空顶作业。钻眼时应在事先确定的眼位标志处钻进。钻完后应将眼内岩粉和积水清理干净。

④ 锚杆安装应做到打一个眼安装一根锚杆,锚杆的外露长度要符合作业规程的规定。

⑤ 锚杆眼必须按照规定角度打眼,不得打穿皮眼或沿顺层面、裂缝打眼。

⑥ 使用树脂锚杆时应用防护手套,未固化的树脂药卷和固化剂具有毒性和腐蚀性,应避免与皮肤接触。破损的药卷应及时处理,严禁树脂药卷接触明火。

⑦ 锚杆安装时的预应力必须符合作业规程的规定,否则将可能导致重大事故的发生。

⑧ 网与网搭接长度应符合作业规程规定,并用扎丝连接

牢固。

2. 喷射混凝土支护

喷射混凝土支护是以压缩空气为动力,用喷射机将用水泥、过筛后的沙、石子按一定比例混合成的细骨料混凝土以喷射的方法覆盖到需要维护的岩面上,凝结硬化后形成混凝土结构的支护,是一种不用模板,没有浇注和捣固工序的快速、高效的混凝土施工工艺。喷射混凝土支护具有及时、密贴、早强、封闭的特点。

根据使用机具或施工方法的不同,喷射混凝土大致可分为干式喷射法、半湿式喷射法和湿式喷射法。目前使用较多的是半湿式喷射法。半湿式喷射法采用的是潮料。潮料就是先将喷射混凝土的骨料在地面或井下矿车内用水浇透,停放最少 10 h 以上,其含水率保持在 7%～8%,然后按水泥配比搅拌和过筛即称为潮料。使用潮料可以使喷射混凝土各工序操作地点的粉尘浓度大大降低。

(1)喷射混凝土支护作用原理

① 支撑作用。喷射混凝土支护具有良好的物理力学性能,特别是抗压强度较高,可达 20 MPa 以上,因此能起到支撑作用。又因其中掺有速凝剂,使混凝土凝结快,早期强度高,紧跟掘进工作面起到及时支撑围岩的作用,有效地控制了围岩的变形和破坏。

② 充填作用。由于喷射速度高,混凝土能及时地充填围岩的裂隙、节理和凹穴,大大提高了围岩的强度。

③ 隔绝作用。喷射混凝土层封闭了围岩表面,完全隔绝了空气、水与围岩的接触,有效地防止了风化、潮解引起的围岩破坏与剥落;同时,由于围岩裂隙中充填了混凝土,使裂隙深处原有的充填物流失,使围岩保持原有的稳定性和强度。

④ 柔性支护作用。喷射混凝土的黏结力大,同时喷层较薄,具有一定的柔性,它既能和围岩粘贴在一起产生一定量的共同变形,使喷层中的弯矩大为减小,甚至不出现张应力,又能对围岩变

形加以控制。

（2）喷射混凝土支护施工安全注意事项

① 在使用喷射机前，应对其进行全面检查，发现问题及时处理。喷射机要专人操作。处理机械故障时必须切断电源、风源。送风、送电时必须通知有关人员，以防发生事故。

② 初喷前，要先敲帮问顶，清除危岩活石，以保证作业安全。初喷应紧跟迎头，喷体支护的端头距工作面的距离必须符合作业规程的规定。

③ 喷射中发生堵管时，应停止作业。处理堵塞的喷射管路时，在喷枪口的前方及其附近严禁有其他人员，以防突然喷射和管路跳动伤人。疏通堵管采用敲击法。

④ 在斜井和巷道中使用的长距离钢管或塑料管要定期转动，使其磨损均匀。作业中要经常检查输料管和出料弯头处有无磨薄、击穿现象，发现问题及时处理。

⑤ 较高巷道喷顶时，要搭设可靠的工作台或用机械手喷射。喷射手应配两人，一人持喷头喷射，一人辅助照明并负责联络、观察顶板及喷射情况，以确保安全。

⑥ 向喷射机送料人员要站在安全地点。斜巷悬车上料时，车下方必须设挡车柱。

⑦ 喷射机必须保持密封性能良好，防止漏风和粉尘飞扬。加强工作面通风。

⑧ 喷射作业中粉尘的来源主要是水泥和砂粒中的矽尘飞扬。长期吸入粉尘，会危害工人的身体健康。凡从事喷射作业的人员，必须佩戴劳动保护用品。喷射前应开启降尘设备和设施。

3. 锚喷联合支护

（1）锚杆喷射混凝土支护

对比较破碎的、节理裂隙发育比较明显的岩层，巷道掘进后围岩稳定性较差，容易出现局部或大面积冒落，一般应采用锚杆喷射混凝土支护。这种支护方式既能充分发挥锚杆的作用,又能充分发挥喷射混凝土的作用,两种作用相结合,有效地改进了支护的效能,因而得到广泛应用。

一般情况下,爆破后应首先及时初喷混凝土封闭围岩,紧接着打注锚杆,随后在一定距离内复喷到设计厚度。

(2) 锚网喷射混凝土联合支护

对于特别松软破碎岩层和断层带,或围岩稳定性差、受爆破震动影响较大的巷道,宜选用锚、喷、网联合支护。设置金属网的主要作用是防止因收缩而产生裂隙,抵抗震动,使混凝土应力均匀分布,避免局部应力集中,提高喷射混凝土支护能力。金属网用托板固定或绑扎在锚杆端头,为便于施工和避免喷射混凝土时金属网背后出现空洞,金属网格不应大于 200 mm×200 mm。喷射厚度一般不应小于 100 mm,但不能超过 200 mm,以便将金属网全部覆盖住且使喷层有一定的柔性,并使金属网至少有 20 mm 厚的保护层。

(3) 钢架喷射混凝土联合支护

在软岩巷道中,掘进后先架设钢架,允许围岩收敛变形,基本稳定后再进行喷射混凝土支护,把钢架覆盖在里面,有时也打一些锚杆,控制围岩变形。这样,钢架自身仍保持相当的支护能力,同时,被喷射混凝土裹住后又起到了"钢筋加固"的作用,而喷射混凝土层有一定的柔性,对围岩基本稳定后的变形量也可以适应。

(四) 锚索支护

1. 锚索支护原理

传统的锚索支护为注浆锚索,一般适合于煤矿井下大断面硐室和巷道的补强、加固。钻孔工程量较大,采用注浆锚固,可实现全长锚固,承载能力一般较大。对于采用全部垮落法管理顶板的采煤工作面,若机、风两巷采用注浆锚索支护,不利于顶板的垮落,因而传统的注浆锚索支护一般不适用于回采巷道使用。

小孔径树脂锚固预应力锚索加固技术是近年来研制和开发的一种适合煤巷掘进期间按正规循环施工的支护技术。其最大特点是采用树脂药卷锚固,通过专用装置可以像安装普通树脂锚杆一样用锚索搅拌树脂药卷对锚索锚固端进行加长锚固,其安装孔径仅为 28 mm 左右,用单体锚杆钻机即可完成打孔、安装。

预应力锚索加固围岩的实质,就是通过锚索对被加固的岩体施加预应力,限制岩体有害变形的发展,从而保持岩体的稳定。在顶板上打注锚索后,由于锚索的锚固点在深部稳定岩层中,根据悬吊理论,使下部不稳定岩层通过锚索悬吊在上部稳定岩层中,起到了悬吊顶板的作用;同时由于锚索预应力作用,对已有锚杆支护的下部岩层进行组合、加固。锚索能有效地控制顶板下沉,减少支架、锚杆受力,使群体支护达到良好的效果。

小孔径预应力锚索主要用在破碎、复合顶板回采巷道,放顶煤开采沿煤层底板掘进的巷道,软弱和压力较高的回采巷道,以及大跨度开切眼和巷道交岔点。小孔径预应力锚索一般不单独作为巷道支护方式,往往与锚杆支护一起形成一种联合支护方式,锚索能够起到补强的作用。锚索的主要支护参数见表 3-1。

表 3-1 　　　　　　　　　　锚索主要支护参数

钻孔直径/mm	28～32
锚索直径/mm	15.24～22
最大长度/mm	10
最大锚固力/kN	260～600
预紧力/kN	120～480
锚固长度/m	1.2～10

注:锚索材料包括索体、索具和托板;索具配套机具有高压防爆电动油泵、张拉千斤顶、锚索尾部切割器等。

2. 锚索操作要求

(1) 施工设备的检查

施工前要备齐钢绞线、锚固剂、托盘、索具等支护材料和锚杆钻机、套钎、锚索专用驱动头、张拉油缸、高压油泵、锚索尾部切割器、注浆泵等专用机具及常用工具。

（2）锚杆钻机的检查

锚杆钻机打眼前应检查以下内容：

① 检查所有操作控制开关，所有开关都应处在"关闭"位置。

② 检查油雾器工作状态，确保油雾器充满良好的润滑油。

③ 清洁风水软管，检查其长度及与锚杆机连接情况。

④ 检查锚杆机械是否完好。

⑤ 检查是否漏水，是否及时更换水密封。

⑥ 安装钻杆前检查钻头是否锋利，检查钻杆中孔是否畅通，严禁使用弯曲的钻杆打眼。

（3）检查工作面的安全情况

打锚索眼前应先敲帮问顶，检查施工地点的围岩和支护情况。并根据锚孔设计位置要求，确定眼位，做出标志。

3. 锚索安装

（1）打锚索眼的操作要求

① 竖起钻机把初始钻杆插到钻杆接头内，观察围岩，定好眼位，使钻机和钻杆处于正确位置。钻机开眼时，要扶稳钻机，先升气腿，使钻头顶住岩面，确保开眼位置正确。

② 开钻。操作者站在操作臂长度以外，分腿站立保持平衡。先开水，后开风。开始钻眼时，用低转速，随着钻孔深度的增大，调整到合适转速，直到初始锚孔钻进到位。在软岩条件下，锚杆机用高速钻进，要调整气腿推进力，防止糊眼；在硬岩条件下，锚杆机用低速钻机，要缓慢增加气腿推进力。

③ 退钻机，接钻杆，完成最终钻孔。

④ 锚索眼必须与巷道岩面垂直，眼深误差为±50 mm，位置偏差为±150 mm。

⑤ 锚索打眼完成后,先关水,再停风。

⑥ 按要求打注浆孔。

(2) 安装、锚固锚索

① 检查锚索眼质量,不合格的及时处理。

② 把锚索末端套上专用驱动头、拧上导向管并卡牢。

③ 将树脂药卷用钢绞线送入锚索孔底,使用两个以上树脂药卷时,按超快、快、中速顺序自上而下排列。

④ 用锚杆机进行搅拌,将专用驱动头尾部六方插入锚杆钻机上,一人扶住机头,一人操作锚杆机,边推进边搅拌,前半程用慢速后半程用快速,旋转约 40 s。

⑤ 停止搅拌,但继续保持锚杆机的推力约 1 min 后,缩下锚杆机。

⑥ 卸下专用驱动头和导向管,装上托盘、索具,并将其托至紧贴顶板的位置,把张拉油缸套在锚索上,使张拉油缸和锚索同轴,挂好安全链,人员离开,张拉油缸前不得有人。

⑦ 开泵进行张拉并注意观察压力表读数,达到设计预紧力或油缸行程结束后,迅速换向回程。

⑧ 卸下张拉油缸,用锚索尾部切割器截下锚索外露部分。

⑨ 锚索注浆防锈。注浆孔用排气注浆法,把锚孔剩余段一次灌注。

4. 锚索施工安全

(1) 检查施工地点支护状况,严防片帮、冒顶伤人。在有架空线巷道内作业时,要先停电。

(2) 遇到节理、裂隙发育或顶板破碎时,应先进行支护,确认安全再进行打眼。

(3) 打锚索眼时,要注意观察钻进情况,有异常时必须迅速闪开,防止断钎伤人。钻机附近 5 m 内不得有闲杂人员。

(4) 巷道支护高度超过 3 m,或在倾角较大的上下山进行支护施工,必须有脚手架或搭设工作平台。

(5) 锚索张拉预紧力应控制在锚索强度的 80% 左右,锚索安装 48 h 后,如发现预紧力下降,必须及时补拉。张拉时如发现锚固不合格,必须补打合格的锚索。

(6) 服务年限 10 a 以上锚索需注浆防锈。

(五) 抬棚

巷道交岔点采用抬棚支护时,无论直角三通、斜交三通或四通抬棚,插梁都不得少于 4 根,插梁排列间距要均匀。抬棚架完后,应架设锁口棚。

(1) 在顶板完整、压力不大的梯形棚子支护巷道,抬棚应按下列顺序施工:

① 在老棚梁下先打好临时点柱,点柱的位置不得妨碍抬棚的架设。

② 摘掉原支架的柱腿,根据中、腰线找好抬棚柱窝的位置,并挖至设计深度。

③ 按架设梯形棚的要求立柱腿,上抬棚梁。

④ 将原支架依次替换成插梁,最边上的两根插梁应插在抬棚梁、腿接口处。更换插梁不准从中间向两翼进行。

⑤ 背好顶、帮,打紧木楔。

(2) 在顶板破碎、压力大的地点,抬棚应按下列顺序施工:

① 将原支架逐棚更换成插梁,在插梁下打好临时点柱或托棚。所有插梁都应保持在同一平面上。

② 架设主抬棚,抬住已替好的插梁。

③ 撤除临时点柱或托棚。

④ 逐架拆除原支架并调正插梁,背实顶帮。

⑤ 架设辅助抬棚。

(3) 在倾斜巷道架设抬棚时,柱腿应根据巷道坡度相应加长下帮柱腿,靠近水沟一侧的抬棚或插梁腿,应蹬在水沟基础以下的实底,不许放在松动的煤矸上。

（4）采用矿用工字钢架设抬棚时,梁和腿必须有可靠的连接固定和防滑装置。

第三节 掘进爆破知识

爆破作业时要严格执行"一炮三检"与"三人联锁放炮"制度。"一炮三检"是指爆破作业装药前、爆破前、爆破后必须分别检查风流瓦斯,当爆破地点附近20m以内瓦斯浓度达到1%时,严禁装药爆破。"三人联锁放炮制"是指:爆破前,爆破工将"警戒牌"交给生产班长,由生产班长派人警戒,并检查顶板与支护情况;然后生产班长将自己携带的"爆破命令牌"交给瓦斯检查工,瓦斯检查工检查瓦斯、煤尘合格后,将自己携带的"爆破牌"交给爆破工,爆破工发出爆破口哨进行爆破。爆破后三牌各归原主。

一、装药、联线方法

（一）装药

1. 装药前的准备工作

在装药前,应该对爆破地点的通风、瓦斯、煤尘、顶板、支护等全面检查,对所查出的问题应及时处理。有下列情况之一时严禁装药:

（1）掘进工作面的控顶距离不符合作业规程的规定,或者支架有损坏,或者伞檐超过规定。

（2）装药地点附近20 m以内风流中瓦斯浓度达到1.0%及以上。

（3）在装药地点20 m以内,矿车、未清除的煤、矸或其他物体堵塞巷道断面1/3以上。

（4）炮眼内发现异状,温度骤高骤低,有显著瓦斯涌出,煤岩松散,透老空等情况。

（5）掘进工作面风量不足。

在有煤尘爆炸危险的煤层中,掘进工作面爆破前,附近 20 m 的巷道内,必须洒水降尘。

2. 装药工作

经检查确认可以装药时,方可按下列程序装药。

(1) 验孔。在装药前,用炮棍插入炮眼里,检验炮眼的角度、深度和方向及炮眼内的情况。

(2) 清孔。待装药的炮眼,必须用掏勺或压缩空气吹眼器清除炮眼内的煤、岩粉,以防止煤岩粉堵塞,使药卷不能密接或装不到眼底。使用吹眼器时,附近人员必须避开压风吹出气流方向,以免炮眼内飞出的粉块杂物伤人。

(3) 装药。采掘工作面炮眼使用炸药和电雷管的种类、装药量、电雷管的段数必须符合爆破作业说明书的规定,并按照爆破说明书规定的装药结构进行装药。装药结构通常可分为正向装药和反向装药。正向装药是指起爆药卷放在距眼口最近的第一个位置上,雷管与所有药卷的聚能穴均朝向眼底的装药结构;反向装药是指起爆药卷放在眼底,雷管与所有药卷的聚能穴一致朝向眼口的装药结构。

装药时要用木质或竹质炮棍将药卷轻轻推入,不得冲撞或捣实。炮眼内的各药卷必须彼此密接。

(4) 封孔。装炮泥时,最初的两段应慢用力,轻捣实,以后各段炮泥须依次用力——捣实。装水炮泥时,水炮泥外边剩余部分应用黏土炮泥封实,炮泥的长度必须符合《煤矿安全规程》规定。

(5) 电雷管脚线末端扭结。装药后,必须把电雷管脚线末端悬空,严禁电雷管脚线、爆破母线同运输设备及采掘机械等导电体相接触。

3. 装药注意事项

(1) 硬化的硝酸铵类炸药在装药前必须用手揉松,使其不成块状,但不得将药包纸损坏,严禁使用硬化到不能用手揉松的硝酸铵类炸药,也不能使用破乳或不能用的揉松的乳化炸药。

（2）不得使用水分含量超过 0.5% 的铵梯炸药。

（3）潮湿或有水的炮眼应用抗水型炸药。

（4）不得装"盖药"或"垫药"。

（5）不得装错电雷管的段数。

（6）毫秒电雷管不得跳段使用。

（二）联线

1. 联线方法和要求

联线工作应按照爆破说明书规定的联线方式,将电雷管脚线与脚线、脚线与连接线、连接线与爆破母线连好接通。联线的方法和要求是:

（1）脚线的连接工作可由经过专门训练的班组长协助爆破工进行。爆破母线连接脚线、检查线路的通电工作,只准爆破工一人操作,与联线无关的人员都要撤离到安全地点。

（2）联线前必须认真检查瓦斯浓度,顶板、两帮、工作面煤壁及支架情况,确认安全方可进行联线。

（3）联线时,联线人员应把手洗净擦干,以免增加接头电阻和影响接头导通,然后把电雷管脚线解开,刮净接头,进行脚线间的扭结连接。脚线连接应按规定的顺序从一端向另一端进行。如脚线长度不够,可用规格相同的脚线作连接线,联线接头要用对头连接,不要用顺向连接,不要留有须头。当炮眼内的脚线长度不够,需接长脚线时,两根脚线接头位置必须错开,并用胶布包好,防止脚线短路漏电。联线接头必须扭紧牢固,并要悬空,不得与任何物体相接触。

（4）电雷管脚线间的连接工作完成以后,再与联线连接。

2. 联线方式

常用联线方式有串联、并联和混联等。

（1）串联。串联就是依次将相邻的两个电雷管的脚线各一根互相连接起来,最后将两端剩余的两根脚线接到爆破母线上,再将爆破母线接入电源。这种联线方式操作简便,不易漏接或误接,速度快,便于检查,通过网路的电流较小,适用于发爆器作电源,使用安全,因此在煤矿井下使用最为普遍。缺点是在串联网路中有一个电雷管不导通或在一处开路时,全部电雷管将拒爆。在起爆能不足的情况下,由于每个电雷管的感度有所差异,往往导致感度高的雷管先爆,电路被切断,使感度低的电雷管不爆。如图 3-1(a)所示。

(2)并联。将所有电雷管的两根脚线分别接到网路的两根母线上,通过母线与电源连接。在并联网路中,某个电雷管不导通,其余的电雷管也可以起爆,能够避免因电雷管感度差异造成的丢炮。这种网路虽然总电阻小,要求起爆电源的电压小,但所需的网路总电流较大,如图 3-1(b)所示。

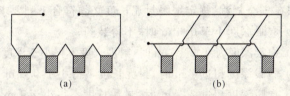

图 3-1　串联及并联网路

(a)串联网路;(b)并联网路

(3)混联。混联可以分为串并联和并串联两种。当一次起爆炮眼数目较多时,则需采用串并联或并串联。串并联是将电雷管分组,每组串联接线,然后各组剩余的两根脚线分别接到爆破母线上。并串联是先将各组电雷管并联,然后再将各组串联起来。

在井下掘进工作中一般很少采用并联和混联。当出现全网路不爆时,可采用中间并联法排除故障。

二、炮泥的作用

炮泥是用作堵塞炮眼的,炮泥可以阻止炸药爆破火焰外窜,防止引燃空气中的瓦斯和煤尘,并且可以提高火药的爆破效果。煤矿井下常用的炮泥有两种，一种是水炮泥，一种是黏土炮泥。

黏土炮泥能够阻止爆破气体自炮眼逸出，使其在炮眼内积聚压缩能，增加炸药的爆破作用；同时也有利于炸药在爆炸反应中充分氧化，使之放出更多的热量，减少有害气体的生成量，改善炸药的爆破效果；再者，由于炮泥能够阻止爆炸火焰和灼热固体颗粒从炮眼内喷出，故不易引起瓦斯和煤尘爆炸，有利于爆破安全。

水炮泥不但具有固体炮泥的作用，而且破裂后在灼热爆炸产物的作用下会形成一层水雾，进行蒸发从而吸收大量的热。这样，爆炸产物在即将进入矿井大气时受到冷却，使爆炸火焰迅速熄灭，从而减少了引爆瓦斯、煤尘的可能性，有利于安全。此外，水炮泥所形成的水雾还具有降尘和吸收炮烟中有毒气体的作用，有利于改善劳动条件。

《煤矿安全规程》规定炮眼封泥长度必须符合下列要求：

（1）炮眼深度小于 0.6 m 时，不得装药；

（2）炮眼深度为 0.6～1 m 时，封泥长度不得小于深度的 1/2；

（3）炮眼深度超过 1 m 时，封泥长度不得小于 0.5 m；

（4）炮眼深度超过 2.5 m 时，封泥长度不得小于 1 m；

（5）光面爆破时，周边光爆眼的封泥应用炮泥封实，封泥长度不得小于 0.3 m；

（6）工作面有两个或两个以上自由面时，在煤层中最小抵抗线不得小于 0.5 m，在岩层中最小抵抗线不得小于 0.3 m，浅孔装药爆破大岩块时，最小抵抗线和封泥长度都不得小于 0.3 m。

复习思考题

1. 锚杆支护操作前准备工作有哪些？
2. 喷浆机操作应遵守哪些规定？
3. 喷射混凝土注意事项有哪些？

4. 什么是巷道毛断面？什么是巷道净断面？

5. 我国煤矿常用的巷道断面都有哪几种？

6. 《煤矿安全规程》对巷道净断面的要求是什么？

7. 金属拱形支架可分为哪几类？

8. 喷射混凝土支护的作用原理是什么？

9. 架棚支护安全注意事项有哪些？

10. 锚索安装要求是什么？注意事项有哪些？

11. 什么叫做"一炮三检"？

12. 什么叫做"三人联锁放炮制"？

13. 联线的方式有哪几种？

14. 炮泥的作用是什么？

第四章 锚喷工初级工专业知识

第一节 钻眼知识

一、掘进工作面炮眼布置

炮眼布置是指炮眼的排列形式、数目、深度、角度和眼距等。炮眼的布置主要与煤岩性质、顶板好坏、断面形状和大小、选用炸药的种类、装药量及爆破方式等因素有关。在实际工作中应综合考虑上述因素,正确选择炮眼参数,以便取得良好的爆破效果。由于巷道断面岩性随掘进过程而变化,在布置炮眼时不能一成不变,而应根据实际情况选用合适的炮眼布置形式。

(一) 炮眼布置的要求

合理的炮眼布置应满足下列要求:

(1) 有较高的炮眼利用率,炸药和雷管的消耗量要低。

(2) 巷道断面尺寸应符合设计要求和《巷道掘进质量标准》的要求,巷道的坡度和方向均应符合设计规定。

(3) 对巷道围岩的震动和破坏要小,以利于巷道的维护。

(4) 岩石块度和岩堆高度要适中,以利于提高装岩效率和钻眼与装岩平行作业。

(二) 自由面和最小抵抗线

爆炸后的岩体或煤体与空气接触的界面叫自由面。从装药重心到自由面的最短距离称为最小抵抗线。

在井巷掘进中,爆破前只有一个自由面,经掏槽爆破后,创造出第二个自由面。炮眼装药可利用的自由面越多,爆破效果就越好,爆破能量的利用率就越高,炸药的单位消耗量就越少。在进行炮眼布置时,需要考虑最小抵抗线。《煤矿安全规程》规定,工作面有两个或两个以上自由面时,在煤层中最小抵抗线不得小于0.5 m,在岩层中最小抵抗线不得小于0.3 m,浅眼装药爆破大岩块时,最小抵抗线和封泥长度都不得小于0.3 m。

最小抵抗线小于规定值时,就会威胁安全。炸药爆炸时,其冲击波首先沿最小抵抗线方向发生破坏,如果最小抵抗线小于规定值,就不会达到一个好的爆破效果,同时,炸药爆炸反应不彻底,爆炸生成的灼热固体颗粒也容易引燃或引爆瓦斯和煤尘。因此,在工作面布置炮眼时一定要考虑最小抵抗线的规定要求。

(三)掘进工作面炮眼的布置

1. 炮眼的种类及布置原则

掘进工作面的炮眼可分为掏槽眼、辅助眼和周边眼3类。各类炮眼在工作面上的位置不同,爆破顺序不同,因而在爆破工作中所起的作用不同,布置原则也不同。

(1)掏槽眼。掏槽眼的作用是首先在工作面上将某一部分岩石破碎并抛出,在第一个自由面的基础上崩出第二个自由面,为其炮眼的爆破创造有利条件。掏槽效果的好坏对循环进尺起着决定性作用。因此,掏槽眼的布置最为关键。

掏槽眼一般布置在巷道断面中部或偏下位置,这样便于钻眼时掌握方向,并有利于其他多数炮眼能借助岩石的自重崩落。在掘进断面中如果存在有显著易爆的软弱岩层时,则应将掏槽眼布置在这些软弱岩层中。掏槽眼应比其他炮眼加深150~200 mm,装药量加大15%~20%;如果是相向偏斜的炮眼,眼底间距应相距100~200 mm。

(2)辅助眼。辅助眼又称崩落眼,是大量崩落岩石和继续扩大掏槽效果的炮眼。辅助眼要均匀布置在掏槽眼与周边眼之间,其眼距一般为 500～700 mm,炮眼方向一般垂直于工作面,装药系数(装药长度与炮眼深度的比值)一般为 0.45～0.60。如采用光面爆破,则紧邻周边眼的辅助眼要为周边眼创造一个理想的光爆层,即光面层厚度要比较均匀,且大于周边眼的最小抵抗线。

(3) 周边眼。周边眼是崩落巷道周边岩石,最后形成巷道断面设计轮廓的炮眼。周边眼可分为顶眼、帮眼和底眼。顶眼和帮眼应布置在设计轮廓线上,但为了便于钻眼,通常向外偏斜一定的角度,这个角度根据炮眼深度来调整,眼底落在设计轮廓线外不超过 100 mm。现场操作时,角度的把握以钎肩和轮廓线作为参照物,控制眼底距轮廓线的距离。

底眼的最小抵抗线和炮眼间距通常与辅助眼相同,为避免爆破后在巷道底板留下根底,并为铺轨创造有利条件,底眼眼底应低于底板 250 mm,为利于钻眼和避免炮眼积水,眼口应比巷道底板高 150～200 mm。水沟眼可同底眼一同打出。

周边眼布置合理与否,直接影响巷道成型是否规整。

2. 掏槽方式

目前常用的掏槽方式,按照掏槽眼的方向可分为 3 大类,即斜眼掏槽、直眼掏槽和混合掏槽。

(1) 斜眼掏槽。斜眼掏槽是一种常见的掏槽方法,它适用于各种岩石。

斜眼掏槽主要包括楔形掏槽和锥形掏槽,其中以楔形掏槽应用最为广泛。在中硬岩中,一般都采用垂直楔形掏槽,如图 4-1(a)所示。掏槽眼数根据断面大小和岩石坚固程度来决定,两两对称地布置在巷道断面中央偏下的位置,各对掏槽眼应同在一个水平面上,两眼底距离为 200 mm 左右,眼深要比一般炮眼加深200 mm,这样才能保证较好的爆破效果。

锥形掏槽所掏出的槽子洞是一个锥体,如图 4-1(b)所示。由于炸药相对集中程度高,只要严格掌握好钻眼质量,即使在坚硬岩石中也可取得好的爆破效果。掏槽眼数一般采用 3 个或 4 个。该方法炮眼角度不易掌握,钻眼工作不便,眼深受限制,现大多用于煤巷的掘进。

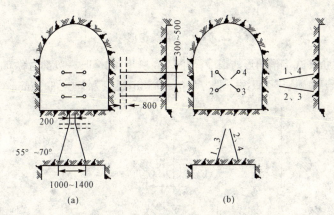

图 4-1　垂直楔形掏槽与锥形掏槽示意图
(a) 垂直楔形掏槽;(b) 锥形掏槽

斜眼掏槽的特点是:可充分利用自由面,逐步扩大爆破范围;掏槽面积较大,适用于较大断面的巷道。但因炮眼倾斜,掏槽眼深度受到巷道宽度的限制,循环进尺也同样受到限制,且不利于多台凿岩机同时作业。

(2) 直眼掏槽。直眼掏槽的特点是:所有掏槽眼都垂直于工作面,各炮眼之间保持平行,且眼距较小,便于采用凿岩台车钻眼;炮眼深度不受断面限制,利于采用中、深孔爆破;爆破后的岩石块度均匀;一般都不得有不装药的空眼作为爆破时的附加自由面。缺点是:凿岩工作量大,钻眼技术要求高,一般需要雷管的段数也多。

直眼掏槽的形式可分为直线掏槽、角柱式掏槽、螺旋式掏槽和菱形掏槽等。直线掏槽如图 4-2 所示,这种掏槽方式的掏槽面积小,适用于中硬岩石的小断面巷道,尤其适用于工作面有较软夹层的情况。眼距为 100~200 mm,眼深以小于 2 m 为宜。

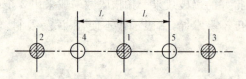

图 4-2 直线掏槽

角柱式掏槽的形式很多,如图 4-3 所示,掏槽眼一般都对称布置,适用于中硬岩石,眼深一般为 2.0~2.5 m,眼距为 100~300 mm。

图 4-3 角柱式掏槽

螺旋掏槽,这种掏槽方式是围绕空眼逐步扩大槽腔,能形成较大的掏槽面积。中心空眼最好采用大直径(75~120 mm)炮孔,掏槽效果更好。

菱形掏槽如图 4-4 所示,中心眼为不装药的空眼,眼距根据岩石性质而定,一般为 $a=100~150$ mm,$b=170~200$ mm。若岩石坚硬,可采用间距 100 mm 的两个中心空眼,起爆用毫秒雷管分为两段,1 号眼至 2 号眼为一段,3 号眼至 4 号眼为第二段。每眼的装药量为炮孔长度的 70%~80%。

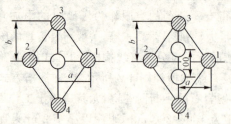

图 4-4 菱形掏槽

（3）混合掏槽。直眼掏槽时，槽腔的岩碴往往抛不出来，影响其他眼的爆破效果，因此在直眼掏槽的外圈再补加斜眼掏槽，利用斜眼掏槽抛出槽腔内的岩碴，这样就形成了混合掏槽，如图 4-5 所示。一般斜眼作楔形布置，它与工作面的夹角一般为 85°；在有条件的情况下，斜眼尽量朝向空眼，这样有利于抛碴，装药系数以 0.4～0.5 为宜。

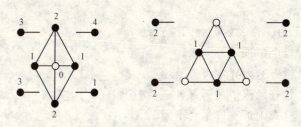

图 4-5　混合掏槽

（四）炮眼布置方法

钻眼时如何按照爆破图表的要求，掌握好眼位、眼深及其角度是布置炮眼的关键。在掌握炮眼角度时，可以依据简单几何原理，把模糊的角度变为较清晰的长度，以便提高钻眼的准确度。

（1）掏槽眼的布置。斜眼掏槽时，角度掌握不好将直接影响爆破效果。以垂直楔形掏槽为例，成对掏槽眼底间距为 200 mm，眼口间距为 1.0～1.4 m，通常，眼口间距在钻眼前已经确定，要控制眼底间距为 200 mm，则在钻眼前需要通过控制成对掏槽眼钎肩之间的距离来掌握炮眼角度。

（2）周边眼的布置。周边眼的角度可以通过钎肩与巷道轮廓线之间的距离来控制。根据三角形原理，周边眼眼底距轮廓线的距离等于钻眼前钎肩距离轮廓线的距离。

（3）底眼的布置。底眼的角度掌握不好，容易给巷道掘进带来不必要的麻烦。角度过小会造成底板高，给铺轨带来难度，角度过大，则巷道下部进尺缩小，不利于巷道正常掘进。可以根据底眼布置的原则,利用简单的几何原理找到钻眼前钎肩距巷道底板或腰线的距离,从而控制底眼的角度。

二、钻眼基本要领

(一)打眼前的准备工作

(1)打眼前打眼工穿着要做到三紧(袖口、领口和衣角紧),使用煤电钻时要做到两不要(不要戴手套、不要把脖子上的毛巾露在衣服外面)。

(2)对工作面要做到四检查:

① 检查帮顶是否牢靠。

② 检查有无异常声音及现象。

③ 检查风流中瓦斯含量是否小于1%。

④ 检查附近支护是否牢固。

(3)使用煤电钻前,应做到六检查:

① 煤电钻和启动器的保护接地是否良好,接地线是否接牢。

② 手柄绝缘是否良好。

③ 开关是否灵活、可靠。

④ 电钻各零部件、螺栓是否齐全,是否拧紧。

⑤ 送电回路,尤其是电缆是否有破损、失爆等现象。

⑥ 钎子杆是否平直,螺旋槽是否磨平,钎头是否锋利。

(4)使用凿岩机前应做到五检查:

① 凿岩机和气腿是否运转灵活,有无漏风、漏水和气腿不直、变形等现象。

② 钎子和钻头是否够长、平直,有无掉棱和缺角等情况。

③ 风管、水管连接是否良好,是否有堵塞现象。

④ 凿岩机使用前要注油,试运转,保证润滑良好。

⑤ 如果打深眼,要检查钎子长度是否配套。

(5)打眼前在布置炮眼时的注意事项:

① 上一茬炮崩完后的工作面是否平整,或者是否凸凹不平。

② 上一茬炮崩完后的断面,特别是高度是否符合规程要求。

③ 本茬炮工作面地质条件、岩层构造有无新的变化。

④ 巷道中、腰线是否符合规程要求。

(二)打眼的基本操作规定

(1)钎子和凿岩机保持在同一垂直面上。

(2)打眼过程中,用力均匀,使用凿岩机应掌握好进气量。使用电钻,切忌多人推进,容易损伤电钻。

(3)使用凿岩机时,人站在凿岩机侧后方,手扶凿岩机,万一断钎了,迅速抱住凿岩机或迅速躲开,防止伤人。

(4)采用湿式凿岩时,水量要均匀、适当。

(三)打眼的规格质量

保证打眼的规格质量是实现光爆的关键,总的要求是应使各炮眼达到"平、直、齐",即各炮眼互相平行,平行于巷道轴线,各炮眼底落在同一平面上。严格按爆破图表打眼,消灭"自由式"打眼的错误习惯。为保证打眼质量可采取下列措施:

(1)准确看线,用尺定位。打眼前准确地将中、腰线引到工作面,然后按照中、腰线准确定出周边眼、辅助眼和掏槽眼位置,用白灰水做出眼位标志。

(2)先检查好巷道中心线,然后沿中心线所指方向打好第一个顶眼,将此眼插上炮棍,作为标志方向,其他周边眼在设计轮廓线上,沿此炮棍方向打眼,眼底允许向巷道外偏出 50～70 mm。

(3)钎子长短一致,保证各眼底落在同一个平面。

(4)采用套钎子打深眼,眼深 1.8～2.0 m 时,要保证炮眼的平直。

(5)多台凿岩机打眼时,要划分区域,定人、定眼,以便熟练技术,掌握规律,提高打眼速度和准确性。

第二节　锚喷知识

锚喷支护是矿山井巷支护的主要形式之一。锚喷支护具有及时性、主动性、密黏性、柔性等特点，以及技术先进、工艺简单、操作方便、安全可靠、经济合理等优点，在巷道支护及处理冒顶、破损巷道的加固维修及软岩施工中得到广泛应用。随着锚喷理论的不断完善和发展，以及锚杆材质和施工机具的改进，增强了锚喷支护的效果，扩大了锚喷支护使用的范围。

一、锚杆布置方式

锚杆布置方式通常使用方形、矩形和五花形，如图 4-6 所示。

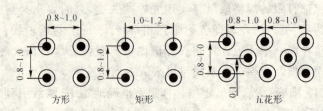

图 4-6　锚杆布置方式

当岩石比较坚硬，可布置成方形和矩形。岩层松软时，布置成前后左右相互交错的五花形。

1. 锚杆间距确定

锚杆的布置方式和排列密度，应根据围岩的性质、巷道断面、跨度以及巷道用途确定。

松软岩层中，锚杆的间距一般控制在 0.5～0.7 m，在比较坚硬稳定的岩层中，一般锚杆的间、排距控制在 0.8～1.0 m，硐室工程可以适当的加密。锚杆的间、排距通常不大于杆长的 2/3。对局部危活石的加固视情况而定。

2. 锚杆长度的确定

锚杆长度与围岩性质、巷道跨度和布置方式有关。锚杆应锚固在冒落高度之外的稳定岩层里。锚杆长度一般可为其间距的 2～2.5 倍，或者巷道跨度的 1/2 或 1/3，使用较多的锚杆长度为 1.5～2.4 m，最短锚杆不应小于 1.2 m。

3. 锚固方式

锚杆的锚固方式可分为端头锚固、加长锚固和全长锚固。应根据锚杆杆体性能和围岩强度来选择锚固方式。如圆钢锚杆宜选用端头锚固，螺纹钢锚杆可采用加长或全长锚固；硬岩层中可采用端头锚固，破碎软岩及煤层中宜采用加长锚固或全长锚固。

4. 树脂锚固剂

树脂锚固剂与不同材质的杆体配套已成为现代锚固工程的最佳材料。它黏结能力强，固化速度快，耐久性好，抵御外界和人的影响能力强，安全可靠性高，产品质量稳定，储存期长。锚固剂中，由两种不同成分严格按科学配方分隔包装组成。安装时，锚固剂放入锚杆孔内，用锚杆安装机械带动杆体高速旋转，搅破薄膜后，两种成分互相混合，立即发生化学反应，其凝胶时间可按设计要求在十几秒到几小时准确调控。

在安装锚杆时，应严格按照锚固剂的技术特征进行操作。表 4-1 为树脂锚固剂主要技术特征。

表 4-1　　　　　　　　树脂锚固剂主要技术特征

型号	凝胶时间/min	固化时间/min	搅拌时间/s	备注
CK	0.5～1.0	≤5	10～15	超快型
K	1.5～2.5	≤7	10～15	快型
Z	3.0～6.0	≤12	25～30	中型
M	10～20	≤30	30	慢型

5. 钻孔、锚杆、树脂药卷直径的合理匹配

锚杆支护的目的是控制巷道围岩保持稳定。锚杆锚固力的大小直接关系到控制围岩变形的能力。为了使锚杆获得最大的锚固力,并且能够顺利安装,煤巷锚杆钻孔直径应为 28～32 mm。当使用无纵筋左旋螺纹钢锚杆时,钻孔直径与锚杆直径之差应在 4～10 mm 之间,最佳值为 5～6 mm;当使用带纵筋纹钢筋锚杆时,钻孔直径与锚杆直径之差应在 6～12 mm 之间,最佳值为 7～8 mm。树脂药卷与钻孔直径之差为 5 mm 左右。

6. 锚杆锚入方向与角度

为了增强围岩的整体性,在层状岩石中锚杆应与岩石的层面成正交,最小角度不低于 75°。在非层状岩石中,拱形巷道锚杆与岩体结构面成最大角度布置,层面不清时与周边轮廓线相垂直。如图 4-7 所示。

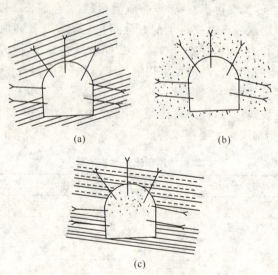

图 4-7 锚杆的安装方向与角度

(a)、(c) 层状岩石中布置锚杆;(b) 非层状岩石中布置锚杆

二、喷射混凝土厚度的要求

一次喷射厚度一般不应小于骨料最大粒径的 2 倍,以减少回弹。喷墙一次喷射厚度为60～100 mm,喷拱时一次喷射厚度为 30～60 mm。一次喷射厚度过大,将出现喷层下坠、流淌或与岩层面之间出现空壳;喷射太薄,骨料易于回弹,只有喷射物附着于刚性底层而形成塑性层后,粗骨料才能嵌入,回弹率会稳定在一定的数值上。根据实践,一次喷厚、

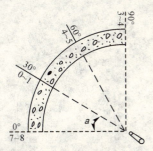

图 4-8 一次喷射厚度、喷射
方向与水平面夹角的关系

喷射方向与水平面的夹角关系很大,不掺速凝剂时,其关系如图 4-8所示。图中数字,分子表示喷射方向与水平面的夹角;分母表示该处一次喷射的适宜厚度(单位:cm)。掺速凝剂后,一次喷射厚度可以增加一倍左右。

三、喷射混凝土顺序及混凝土配比

(一)喷射混凝土顺序

1. 开机顺序

开机顺序为:开水→开风,喷射手观察、调节供风、水量(压力)大小后通知送电→下料,并进行试喷,及时调节风、水量,在试喷合适后再按照喷射混凝土顺序进行喷射混凝土。

2. 喷射混凝土顺序

开始喷射混凝土后,上料口不能断料,以免出现水灰比不均,并由专人向喷浆机料斗内均匀的掺入速凝剂,速凝剂的用量按水泥的比例为 5%(即一车喷浆料掺入 25 kg 速凝剂)。

喷射过程中,喷射手要掌握喷头与巷壁的角度和距离,喷头与巷壁的角度必须垂直,喷头与巷壁的距离以 600～1 000 mm 为宜。

喷射混凝土顺序应当先墙后拱,自上而下。合理地划分喷射区,

如图 4-9 所示,喷射区段划分:1 为拱顶中心线,2 为拱基线,3 为墙脚。

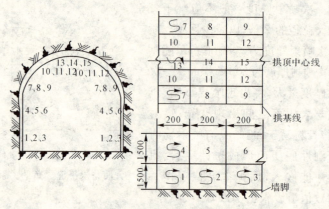

图 4-9　喷射混凝土顺序图

喷射混凝土结束后,必须把喷浆机和喷浆管里的余料全部吹净。停机的顺序为:停电→停风→停水。喷射混凝土结束后,喷浆机周围和迎头的回弹物质要及时清理、回收、复用,喷浆设备要及时回收到安全地点,防止损坏。喷浆地点的回弹物质要在当班用手镐与喷体分离,防止结块凝固后两帮出现"穿裙"现象。

(二)混凝土的配比

1. 喷射混凝土水灰配比

水灰比不同,混凝土喷射效果不同。水灰比大于 0.5 时,混凝土表面起皱,有滑动流淌现象,与岩石黏结差。小于 0.4 时,混凝土表面灰暗,有干斑,密实性差,料束分散,喷层均质性差,强度低,回弹率和粉尘大。一般水灰比以 0.43～0.5 为宜,此时混凝土表面平整,黏结性好,石子分布均匀,强度高,与岩石黏结强,回弹、粉尘小。

2. 喷射混凝土的配比

合理的配合比是保证混凝土强度的重要因素。例如 200 号混凝土,其配合比为水泥∶河沙∶碎石=1∶2∶1.5～2,喷墙时碎石可多一些,喷拱时可少些,碎石粒径以不超过 25 mm 为宜。

3. 混凝土中速凝剂掺量配比

掺速凝剂主要是使混凝土早凝早强,防止喷射时因重力作用,引起喷层坠落,一般掺量为水泥重量的 2‰～4‰ 为宜。掺入量过多,延长凝固时间,起不到速凝作用,而且还降低后期混凝土强度。过少不起速凝作用。

第三节　质量标准

锚喷支护应选择合理的参数,以便达到最佳的支护效果。锚杆杆体的直径、长度及形状,托盘的材质、强度,树脂锚固剂的技术特征等,都决定着巷道支护效果。喷射混凝土的厚度、强度以及材料质量都影响着巷道支护的质量。

一、锚杆支护验收标准

(一)锚杆安装质量基本项目应符合的规定

(1)合格品的要求是安装牢固,托板基本密贴壁面,不松动。

(2)优良品是安装牢固,托板密贴岩壁,未接触部位必须楔紧。

(二)锚杆抗拉力的规定

(1)合格品最低值不小于设计值的 90％。

(2)优良品最低值不小于设计值。

(3)检查数量是每 300 根锚杆或 300 根以下,取样不得小于 1 组,每组不得小于 3 根。

(三)锚杆安装规格的允许偏差

锚杆安装规格的允许偏差见表 4-2。

表 4-2　　　　　　　　锚杆安装规格的允许偏差

项次	项目	允许偏差
1	间距、排距/mm	±100
2	锚杆孔深度/mm	0～+50
3	锚杆角度	≥75°(与设计偏差±3°)

项次	项目		允许偏差
4	锚杆外露长度	有托盘/mm	露出托板≤50
		无托盘/mm	≤50
		爆炸材料库硐室、锚喷巷道/mm	0

（四）锚杆的质量检查

锚杆除检查其成品、半成品的材质和安装的间距、排距、孔深和托板、砂浆质量外，更重要的是做锚固力试验。

（五）适用于各种锚杆支护工程质量的保证项目

（1）保证项目规定如下：锚杆的杆体及配件的材质、品种、规格、强度、结构必须符合设计要求。

（2）水泥卷、树脂卷和砂浆锚杆材料的材质规格、配比、性能必须符合设计要求。

二、喷射混凝土支护验收标准

（一）喷射混凝土支护的规格偏差

喷射混凝土支护的规格偏差见表 4-3。

表 4-3　　　　喷射混凝土支护的规格偏差

项次	项目				合格/mm	优良/mm
1	立井	圆形井筒净半径，方、矩形井筒中心十字线至任一帮距离		有提升	0～+150	0～+100
				无提升	±150	0～+150
2	斜井平硐巷道	净宽	中线至任一帮距离	主要巷道	0～+150	0～+100
				一般巷道	-50～+150	0～+150
			无中线测全宽	一般巷道	-50～+200	0～+200
		净高	腰线至顶、底板距离	主要巷道	0～+150	0～+100
				一般巷道	-30～+150	0～+150
			无腰线测全高	一般巷道	-30～+200	0～+200

项次	项目				合格/mm	优良/mm
3	硐室	净宽	中线至任一帮距离	机电硐室	0～+100	0～+80
				非机电硐室	-20～+100	0～+100
		净高	腰线至顶、底板距离	机电硐室	-30～+150	0～+150
				非机电硐室	-30～+150	0～+150

（二）喷射混凝土层厚度规定

喷层厚度不小于设计的 90% 为合格；喷层厚度不小于设计值为优良。

（三）喷射混凝土的表面平整度和基础深度的允许偏差

允许偏差应符合表 4-4 的规定。

表 4-4　混凝土表面平整度和基础深度的允许偏差值

项次	项目	允许偏差	检验方法
1	表面平整度（限值）/mm	≤50	用 1 m 靠尺和塞尺检查点 1 m² 内的最大值
2	基础深度/%	≤10	尺量检查点两墙基础深度

（四）喷射混凝土对原材料的质量要求

1. 喷射混凝土对水泥的技术要求

（1）优先使用普通硅酸盐水泥，该水泥初凝时间短、早期强度高，喷射效果好。对有化学腐蚀影响的围岩，应采用特种水泥，允许使用 400 号以上的矿渣水泥。一般不使用矾土水泥。

（2）水泥标号不得低于 400 号，过期或受潮、结块的水泥不得使用。

（3）水泥质量应符合现行水泥标准。地方出厂的小水泥不得使用。

2. 喷射混凝土对河沙的要求

（1）应采用坚硬清洁的中、粗沙为主，含沙率控制在 6%～

8%;细度模量大于 2.5。

（2）河沙的技术要求见表 4-5。

（3）河沙的粒径规定

粗沙的平均粒径（d）小于 0.5 mm，其细度模量（M_k）在 3.7～7.1 左右；中沙的平均粒径（d）为 0.35～0.5 mm，其细度模量为 3.0～2.3。河沙的分类见表 4-6。

表 4-5   河沙的技术要求

项目		高标号混凝土（≥300 号）				一般混凝土			
颗粒级配	筛孔尺寸/mm	0.15	0.3	1.2	5	0.15	0.36	1.2	5
	累计筛余/%（质量分数）	90～100	80～95	35～65	35～65	90～100	55～92	0～50	0～10
泥土杂物含量（用冲洗法实验，按重量计）		不大于 3%				不大于 5%			
硫化物和硫酸盐含量（折算成 SO_3，按重量计）		不大于 1%				不大于 1%			
云母含量（按重量计）		不大于 2%				不大于 2%			
轻物质（比重小于 2，按重量计）		不大于 1%				不大于 1%			
有机质含量（比色法实验）		颜色不应深于标准色，如深于标准色，则应以混凝土强度对比实验加以复核							
沙的筛分曲线图示						备注	对有抗冻、抗渗要求的混凝土用沙，按高标号混凝土的要求选用。对标号＞150 号或在饱和水状态下受冻的混凝土，沙的容重不小于 1550 kg/m³。对标号≤150 号或不受饱和水影响的混凝土，沙的容重不小于 1400 kg/m³		

表 4-6 　　　　　　　　　　　**河沙的分类**

种类	按细度模量分类（M_k）	按平均粒径分类（d_e/mm）
粗沙	3.7～3.1	不小于 0.5
中沙	3.0～2.3	0.35～0.5
细沙	2.2～1.6	0.25～0.35
特细沙	1.5～0.7	<0.3
计算公式	M_k $=\dfrac{A_1+A_2+A_3+A_4+A_5}{100}$ M_k——细度模量； A_1～A_5——0.15,0.3,0.6, 1.2 及 2.5 mm 孔径筛上累 计筛余百分率	$d_e=$ $0.5\sqrt[3]{\dfrac{G}{11a_1+1.37a_2+0.171a_3+0.02a_4+0.0024a_5}}$ d_e——平均粒径，mm； a_1～a_5——0.15、0.3、0.6、1.2 及 2.5 mm 孔径 筛上累计筛余百分率； G——孔径筛上累计筛余百分率之和

3. 喷射混凝土对粗骨料的要求

（1）粗骨料采用坚硬耐久的卵石、碎石以及陶粒（过火的矸石）。卵石粒径不大于 25 mm，碎石和陶粒的粒径不大于 20 mm，使用碱性速凝剂时，不得用含有活性二氧化硅的岩石作粗骨料。

（2）为了减少回弹量，粗骨料粒径以选择 5～10 mm 的碎石为宜。

（3）对石子技术要求见表 4-7。

4. 喷射混凝土对水的要求

（1）水中不应含有影响水泥正常凝结与硬化的有害杂质；

（2）井下的积水，没经化学测试不能使用；

（3）饮用的自来水可以使用。

（4）污水 pH 值小于 4 的酸性水和硫酸盐含量按 SO_3 计超过水重 1% 的水均不得使用；

（5）对水质要求，见拌制混凝土用水标准表 4-8。

表 4-7   **混凝土粗骨料的技术要求**

品种	项目		高标号混凝土			一般混凝土		
	孔隙率		不大于 45%			不大于 45%		
卵石	颗粒级配	筛孔尺寸(mm)累计筛余(以重量%计)	590~100	1/2 最大粒径 30~60	最大粒径 0~5	590~100	1/2 最大粒径 30~60	最大粒径 0~5
	软弱颗粒含量(按重量计)		不大于 5%			不大于 10%		
	针、片状颗粒含量(按重量计)		不大于 10%			不大于 20%		
	泥土、杂物含量(用冲洗法实验,按重量计)		不大于 1%			不大于 2%		
	硫化物和硫酸盐含量(折算为 SO_3,按重量计)		不大于 1%			不大于 1%		
	有机质含量(用比色法实验)		颜色不深于标准色					
碎石	颗粒级配	筛孔尺寸(mm)累计筛余(以重量%计)	590~100	1/2 最大粒径 30~60	最大粒径 0~5	590~100	1/2 最大粒径 30~60	最大粒径 0~5
	强度	岩石试件(边长≥5cm 的立方体)在饱和水状态下的抗压极限强度与混凝土设计标号之比	不小于 200%			不小于 150%		
	针状、片状颗粒含量(按重量计)		不大于 10%			不大于 20%		
	硫化物和硫酸盐含量(折算为 SO_3,按重量计)		不大于 1%			不大于 1%		

粗骨料筛分曲线图示		备注	最大石子粒径受结构尺寸及钢筋疏密限制,最大粒径不应超过结构尺寸的 1/4 和钢筋间最大净距的 3/4;厚度为 100 及 100 mm 以下的薄板最大粒径可为板厚的 1/2,但其数量不得超过总量的 25%

表 4-8　　　　　　　　拌制混凝土用水标准

可用水	不可用水
一般饮用水均适用于拌制混凝土。若用其他水则需符合下列规定： 1. pH＞4 2. 硫酸盐含量按 SO_3 计不得超过水重的 1%。 亦可做以下试验：用已知品质良好的水和有疑问的水做混凝土抗压强度的对比试验，所得混凝土强度不低于品质良好的水所做的混凝土强度，则这种水可以使用	1. 含盐量大于 3.5% 的海水 2. 皮革厂、化工厂的废水 3. 含糖水 4. 含有油、酸及有机物的水

5. 对速凝剂的技术要求

速凝剂是使水泥早凝的一种催化剂，它们必须符合下列要求：

(1) 是经过国家鉴定的产品。

(2) 掺量一般为水泥重量的 2%～4%，使用前应做速凝效果试验；过期和变质的速凝剂不能使用。

(3) 运输存放应保持干燥，并不得损坏包装品，防止受潮变质，影响应用效果。

6. 混合料搅拌时间和搅拌次数的要求

采用容量小于 400 L 的强制搅拌机搅拌时，搅拌时间不得小于 1 min，采用自落式搅拌时，不得小于 2 min，采用工人搅拌时，搅拌次数不得小于 3 次。混合料有外加剂时，搅拌时间应适当延长。

复习思考题

1. 什么叫做自由面？

2. 什么叫做最小抵抗线？

3. 什么叫做掏槽眼？

4. 掏槽眼的作用是什么？

5. 如何保证打眼的规格、质量实现光面爆破？

6. 锚杆常用的布置方式是？

7. 锚杆支护的作用原理是什么？

8. 混合料搅拌时间和次数的要求是什么？

9. 混凝土的配比是多少？

10. 锚杆锚入方向与角度的要求是什么？

11. 锚杆抗拉力的规定是什么？

12. 喷射混凝土为合格品的厚度是多少？

第五章　锚喷工初级工技能鉴定要求

第一节　基本操作

一、钻眼工作

（一）操作准备

（1）作业环境的安全检查：进入工作地点之前，必须由外向里，先顶后帮，认真检查工作范围的顶帮、支护状况、有害气体及其他安全情况，对施工地点进行"敲帮问顶"，找净活矸、危岩。

（2）打眼前检查着装，打眼时要做到"三紧"、"两不要"，即袖口、领口、衣角紧；不要戴手套，不要把毛巾露在衣领外。

（3）按中、腰线检查巷道毛断面的规格、质量，处理不合格的部位。

（4）工具、材料检查：钻眼前准备好所使用的钻眼机具，检查钻眼工具齐全完好，支护材料到位，材质符合规定。

（5）钻眼机具完好性检查。

（二）钻眼操作顺序

（1）检查施工地点安全状况。

（2）准备钻眼设备、工具，试运转，标定眼位。

（3）钻眼。

（4）撤出设备和工具。

（三）煤电钻钻眼

（1）依据中、腰线、作业规程中规定的炮眼布置三视图（或锚杆布置图），标出眼位。

（2）试运转：送电，试运转。

（3）点眼：用手镐点眼定位，并刨出眼窝，将钻头轻轻接触煤壁，启动手柄开关连续点动几次，待眼深达到 20～30 mm 后再正常钻进。

（4）钻进。

① 点眼后，按规定的角度、方向均匀用力向前推进，直至达到要求深度。

② 钻眼工要站稳，并握紧电钻手把，切忌左右摆动。

③ 开眼或钻眼过程中，不准用手直接扶、托钻杆或用手掏眼口的煤岩粉。

④ 煤电钻转动后要注意钻杆的进度，每钻进一段距离要来回抽动几次钻杆，排除煤粉，减少阻力，以防卡住钻杆。

⑤ 当电钻发生转动困难或发出不正常的声响时，出现电钻、电缆漏电及电钻外壳温度超过规定值等故障时，必须停止钻进，查明原因，及时处理。

⑥ 在煤壁上钻眼时，要尽量避开硬夹石层。

⑦ 在工作面搬运电钻时，要一手提电钻手把，一手提电缆。不准用电缆拖拉电钻，不准将钻杆插在电钻上移动。

（5）钻眼完毕，断电后再抽出钻杆。

（四）风动锚杆钻机钻眼

（1）定眼位，按中、腰线、作业规程中规定的炮眼布置三视图（或锚杆布置图）的要求，标出眼位。按照钻眼参数要求，确定钻眼深度，并在钻杆上做好标记，确保钻眼深度符合要求。

（2）试运转：每班作业前应做空载试验。试验操作步骤如下：

① 将支腿控制把手缓慢转到开的位置，使支腿内部各级缸筒

缓慢伸出。将把手转到关的位置,各级缸筒应在自重下缩回。

②　将马达控制扳机缓慢压下,使钻杆接头旋转。

③　将马达控制扳机压下,支腿控制把手转到开的位置,钻杆接头旋转与支腿内部各级缸筒外伸应能同时进行。

④　将水控制把手转到开的位置,钻杆接头顶部有水流涌出。

⑤　以上各项若达不到要求,不能进行钻孔作业。修复后应重新做空载试运转。

(3) 定眼:煤壁钻眼时,领钎人员用手镐点眼定位,并刨出眼窝;钻眼工站在风钻侧后方,手握把手,调整钻架(气腿)到适当高度,领钎人员站在一侧,避开持钻人员视线,双手握牢钎杆,把钎头放在用镐刨出的眼窝上。定眼时,钻眼工和领钎人员要相互协调,密切配合。

(4) 开眼:把风钻操纵阀开到轻运转位置,待眼位稳固并钻进20~30 mm,领钎人员撤离以后,再把操纵把手扳到中运转位置钻进,直至钻杆不脱离眼口时,再全速钻进。

(5) 正常钻眼。

①　司机一手扶住风钻的手把,一手根据钻进情况,调节操纵阀和钻架调节阀。

②　开钻时要先给水,后给风;钻眼过程中,给水量不宜过大或过小,要均匀适当。更换钻杆时,要先关风,后关水。

③　司机扶钻时,要躲开眼口的方向,站在风钻侧面,两腿前后错开,脚蹬实底,禁止踩空或骑在气腿上钻眼,以防钻杆折断时风钻扑倒或断钎伤人。

④　钻眼时,风钻、钻杆与钻眼方向要保持一致,推力要均匀适当,钻机升降要平稳,以防折断钻杆、夹杆或甩掉钻头。

⑤　钻眼应与煤岩层理、节理方向成一定的夹角,尽量避免沿层理、节理方向钻眼。

⑥　遇到突然停风、停水时,应关闭操作阀,取下钻机,拨出

钻杆。

⑦ 更换钻眼位置或移动调整钻架时,必须停止运转。

⑧ 随时检查并向风钻注油器内注油,不得无润滑油作业。

⑨ 钻眼中,发现有钻头合金片脱落、钻杆弯曲或中心孔不导水时,必须及时更换钻头或钻杆。

(6)停钻:钻完眼后,应先关水阀,使风钻空运转,以吹净其内部残存的水滴,防止零部件锈蚀。

(五)液压锚杆钻机钻眼

(1)将主机立起,找好孔位,钻机应尽量与顶板垂直。

(2)空载试验。

① 启动液压泵电机:主机上各操作手柄放在非工作位置,此时泵站上工作压力表的指示压力应不大于 1.5 MPa,油温在 30℃以下,液面在油标的中上部。

② 支腿空运行:将支腿控制手柄缓慢转到升的位置,支腿各级油缸应顺利伸出,手柄转到降的位置,各级油缸应顺利缩回,这样使支腿反复升降三次

③ 马达空运行:压下回转马达控制手柄,钻杆接头应具备由慢到快的可控运转,同时转动支腿控制手柄,两者的复合动作应互不干涉且运行灵活。

④ 打开水控制阀,观察水路是否畅通。

(3)确定空载试验正常后,将六方钻杆插入钻杆接头的六方孔内,安装好钻杆开始钻孔。

① 开眼:先开启马达,使钻机旋转,再慢慢开启支腿,让钻头慢慢接近顶板开孔。当钻进孔眼 30 mm 左右时,待领钎人员撤至安全地点后,可开启水阀,马达阀完全打开,并加大推力,进入正常钻孔作业。

② 钻孔:以正常的钻孔速度进行钻孔。

③ 退钻:钻孔到位后,马达需继续旋转,支腿控制手柄置于降

的位置,使钻机回缩,支腿收回,关闭水阀。

④ 套钎钻深孔时,长钻杆的钻头直径宜稍小于短杆钻头的直径。

⑤ 钻孔完毕,钻机返回,装上搅拌套筒,用锚杆将树脂药卷推入锚杆孔内(机头不准旋转),将锚固剂送至孔底,然后启动锚杆钻机搅拌和安装锚杆。钻机的转速以中速为宜,支腿推进时间应与锚固工艺规定的搅拌时间基本符合。

（六）收尾工作

(1) 使用煤电钻钻完眼后,应切断电源,从电钻上拔下钻杆,并把电缆、钻杆、电钻撤至无淋水和支护完好的安全地点,将电缆(供水软管)盘放好。

(2) 使用风动锚杆钻机钻完眼后,收起钻机,用水冲洗钻机,检查钻机是否有损伤,如有损伤及时处理好;将风、水管阀门关闭,将钻眼机具撤出工作面,放置到安全场所。

(3) 使用液压锚杆钻机钻完眼后,停泵切断电源,必须将钻机上的岩尘冲洗干净,将钻机摆放到指定位置。

(4) 搞好作业地点文明生产,向接班人员交代清楚钻眼过程中存在的问题及注意事项。

二、锚杆的安装

(1) 安装前要认真检查锚杆及锚固剂的规格、型号和质量是否符合设计要求,是否与孔眼直径相匹配,是否有过期、硬结、破裂和变质的锚固剂,否则严禁使用。

(2) 锚杆及锚固剂搬运存放要码放整齐,要保护杆尾螺纹,锚固段要保持干爽清洁;零散锚杆、锚固剂必须集中存放,严禁随地乱扔;锚固剂要避免受压、受折和受热;已破损和废弃的锚固剂要妥善处理,严禁混入掘进出煤系统中。

(3) 树脂锚固剂中的固化剂有腐蚀性,在操作过程中应戴防护手套,避免与皮肤接触。如不慎接触到皮肤和眼睛,要立即用清水冲洗。

树脂锚杆安装有机械快速安装和普通安装两种安装工艺,为保证锚杆的安装质量,应首先采用机械快速安装工艺。

(一)快速安装工序

(1)将锚杆托盘穿入锚杆并将螺母拧在锚杆上。

(2)将锚固剂按设计要求的顺序和数量装入眼孔,用锚杆底端顶住锚固剂尾部轻轻将锚固剂送入眼底。

(3)将安装机具与锚杆连接后开机进行搅拌,边搅拌边用力将锚杆推进至眼底,严禁先推进后搅拌。搅拌必须连续进行,中途不得中断。

(4)搅拌达到规定时间,待锚固剂都得到充分搅拌后停止搅拌;再等待一定时间(规定的锚固剂凝固时间),待锚固剂凝固后用安装机具将托盘螺母上紧,使锚杆螺母预紧力矩达到设计要求。

(二)普通安装工序

(1)按设计要求的顺序和数量将锚固剂插入钻孔,用锚杆底端顶住锚固剂尾部轻轻将锚固剂送入孔底。

(2)锚杆顶端安上连接装置,用打眼机具转动杆体(转动时间按生产锚固剂的厂家规定时间),边转动边用力迅速将锚杆推至孔底,锚固剂经杆体转动得到充分搅拌后,停止转动取下连接装置。

(3)根据树脂锚固剂产品说明书中要求的凝固时间凝固后,在锚杆外露部分安上托板、托盘、螺母,调整好托板方向,用力矩扳手拧紧螺母,保证锚杆螺母预紧力矩达到设计要求。

三、喷射混凝土

(一)喷射混凝土顺序

(1)配、拌料。

① 利用筛子、料斗检查粗细骨料配比是否符合要求。

② 检查骨料含水率是否合格。

③ 按设计配比把水泥和骨料送入拌料机,上料要均匀。

④ 检查拌好的潮料含水率,要求能用手握成团,松开手似散非散,吹无烟。

⑤ 必须按作业规程规定的掺入量在喷射机上料口均匀加入速凝剂。

(2)喷射。

①开风,调整水量、风量,保持风压不得低于 0.4 MPa。

②喷射手操作喷头,自上而下冲洗岩面。

③送电,开喷浆机、拌料机,上料喷射混凝土。

④根据上料情况再次调整风、水量,保证喷面无干斑,无流淌。

⑤喷射手分段按自下而上、先墙后拱的顺序进行喷射。

⑥喷射时喷头尽可能垂直受喷面,夹角不得小于 70°。

⑦喷头距受喷面保持 0.6~1 m;

⑧喷射时,喷头运行轨迹应呈螺旋形,按直径 200~300 mm一圆压半圆的方法均匀缓慢移动。

⑨应配两人,一人持喷头喷射,一人辅助照明并负责联络,观察顶帮安全和喷射质量。

(3)停机。喷射混凝土结束时,按先停料、后停水、再停电、最后关风的顺序操作。

(4)喷射工作结束后,卸开喷头,清理水环和喷射机内外部的灰浆或材料,盘好风、水管。清理、收集回弹物,并将当班拌料用净或用作浇筑水沟的骨料。

(5)喷射混凝土 2 h 后开始洒水养护,28 d 后取芯检测强度。

(6)每班喷完浆后,将控制开关手把置于零位,并闭锁,拆开喷浆机清理内外卫生,做好交接班准备工作。

(二)喷射混凝土的操作规定

(1)喷射混凝土前先检查井巷掘进断面规格尺寸是否符合设计和作业规程要求。并应认真检查输料管、压风管及水管是否畅通。

（2）用压力水冲刷井巷围岩表面的活石、浮矸。

（3）拆除影响喷射作业的障碍物，对不能拆除的设备要加以保护。

（4）喷射前应先将井巷划成区段，一般 1.5～2 m 为一区段，喷射顺序按先墙后拱、先凹后凸、自下而上进行。

（5）喷射厚度在 100 mm 以上时，应分层喷射；第一次喷墙 50～70 mm，喷拱 30～50 mm，第二次喷射应在第一次喷射达到终凝后进行。

（6）喷射时，喷嘴应尽量垂直喷面，喷头按螺旋形轨迹（螺旋圈直径约 300 mm）一圈压半圆均匀缓慢地移动。喷嘴距受喷面时常保持在 0.6～1.0 m。

（7）速凝剂要按规定的比例随喷随掺入拌料内。

（8）喷射使用的各种材料及其配比必须符合作业规程的要求。

（9）喷射机距喷射地段较远时应有信号联系。

（10）作好回弹料的回收和复用的准备工作。

（11）处理堵管时，喷头前方不得有人。

（12）喷射厚度达到设计要求后，对喷射后的混凝土应做不少于 7 d 的养护工作。

（三）喷浆工应做到"五不喷"、"四到底"、"四检查"

1. 锚喷工应做到"五不喷"

（1）两帮的基础挖不到底、耙斗装岩机后矸石不清理干净不喷。

（2）巷道尺寸不合格不喷。

（3）锚杆数量、质量不合格不喷。

（4）中线、腰线不清、不准确，不喷。

（5）混凝土配料不准确、搅拌不均匀，不喷。

2. 锚喷工应做到"四到底"

（1）喷射混凝土前工作面矸石清理到底。

（2）两帮的基础挖到底。

（3）巷道的浮石、活石找到底。

（4）喷射混凝土后回弹物清理到底。

3. 施工中应做到"四检查"

（1）班中质量检查员（或验收员）检查。

（2）不定期进行抽查，发现问题及时处理。

（3）矿（处）每旬做一次检查。

（4）局（公司）月末组织联合检查验收，评定施工质量。

（四）锚喷工应具有的劳动保护用品

锚喷工会接触打眼和喷浆中的粉尘、水泥和速凝剂等有害物品。所以，除了按规定携带自救器外，锚喷工必须配备有机玻璃护眼罩、防尘口罩、长筒乳胶手套和必要的照明设备。

四、铺设临时轨道与调车

（一）铺设临时轨道

（1）施工人员进入施工地点前，必须有专人检查巷道中有害气体和支护情况，排除安全隐患后方可进入施工地点。

（2）施工现场必须有一名班组长以上干部现场指挥。

（3）铺道的中线，严格按照给定的中线进行施工。

（4）铺道人员要备足钎子、大锤、撬棍、剁斧、钢尺、弯道器等铺道工具，铺道时要带齐手套等各种防护用品。

（5）铺道前将道轨和道木严格按照铺设标准码放在相应位置。人工运送钢轨时，要两人或多人配合。起放道轨时，要统一口号，严禁出现伤手、碰脚现象。

（6）砸道钉时，必须手心向上栽道钉，用锤轻轻稳牢，随后加力钉进去，防止砸手或道钉崩起伤人。

（7）用起道器或千斤顶起道时，钢轨顶起后要随起随垫，所有作业人员的手、脚不准伸入轨底或道木下面，以防伤人。

（8）严禁在钢轨上或轨缝处调直道钉。

（9）使用弯道器应符合下列规定：

① 将加工好的钢轨放平稳，轨底向下。

② 弯道器要放平，垫稳，并使两钩牢固卡住钢轨。

③ 用撬杠或钎子拧紧丝杠，用力要均匀，不得用力过猛，防止因用力过猛伤人。

（10）铺设曲线轨道时，必须从曲线的一端向另一端进行。

（11）手工锯钢轨时，必须将要锯的钢轨垫平、摆正，测量长度，钢轨必须锯断，不准用锤砸断。

（12）在调整轨道方向时，要由一人指挥。拨道前应拨开轨枕端部和拨移方向一侧的道碴，拨曲线时，应先将曲线两端直线拨直，再将弯曲段拨入曲线部分统一调整。

（13）装卸轨道时，必须多人合作，由一人统一指挥，注意轻抬轻放，防止出现轨道弹伤人员的事故。

（14）铺道期间要加强文明卫生管理，物料要码放整齐。

（二）调车排矸工作

采用矿车运输矸石时，一个矿车装满后，必须退出，调换一个空车继续装岩，这就是调车工作。装岩效率的提高，除了选用高效能装载机和改善爆破效果以外，还应结合实际条件，合理选择工作面各种调车和转载设备，以减少装载间歇时间，提高实际装岩生产效率。

采用不同的调车方式和转载方式，装载机的工时利用率差别很大。据统计，我国煤矿采用固定错车场时工时利用率为20%～30%，采用浮放道岔时为30%～40%，采用长装载输送机时为60%～70%，采用梭式矿车或仓式列车时为80%以上。因此，应尽可能选用转载输送机或梭式矿车，以减少装载的间歇时间。

1. 固定错车场调车法

利用固定错车场调车，在单轨巷道中，调车较为困难，一般每隔一段距离需要加宽一部分巷道，以安设错车的道岔，构成环形错车道和单向错车道。在双轨巷道中,可在巷道中轴线铺设临时单轨合股道岔,或利用临时斜交道岔调车。

这种调车方法简单易行,一般可用电机车调车,或辅以人力。单独使用固定道岔调车法,需要增加道岔的铺设,加宽部分巷道的段面,且不能经常保持较短的调车距离,故调车效率不高,装载机的工时效率只有 20%～30%,可用于工程量不大,工期要求较长的工程。

2. 活动错位调车法

为了缩短调车时间,将固定道岔改为翻框式调车器、浮放道岔等专用调车设备,这些设备可紧随工作面向前移,经常保持较短的调车距离,转载机的工时利用率可达 30%～40%。

3. 利用转载设备调车

利用转载设备可大大改进装运工作,提高装岩机的实际装岩效率,使装载运输连续作业,有效地加快装运速度。常用的转载设备有胶带转载机、梭式矿车和仓式列车等。

第二节　施工机具操作

一、凿岩机具

(一)冲击式凿岩工具

冲击式凿岩工具通常称为钎子,钎子有整体和组合两种。组合钎子应用广泛,它由钎头、钎杆、钎尾和钎肩组成,钎杆断面为中空六边形或圆形。圆断面钎杆大多用于重型导轨式凿岩机和深孔接杆钻进。整体钎杆的钎头一般为一字形或十字形,镶硬合金片的钎头大多为一字形,不镶硬合金片的淬火钎头大多为十字形。活动钎头应用最广,一般都镶硬合金片,其形式也较多。

（二）风动凿岩机

1. 风动凿岩机的结构及工作原理

风动凿岩机主要由汽缸、活塞组件、配气装置、钢钎回转机构、操纵阀及冲洗、吹风机构等组成。风动凿岩机在操作时有用人手扶持的,称为手持式凿岩机;有利用气动支腿的,称为气腿式凿岩机;有利用气动柱架导轨的,称为柱架导轨式凿岩机;也有在一台车架上装有一至数台凿岩机的,称为凿岩台车。

如图 5-1 所示,凿岩机 1 由柄体 a、缸体部 b、机头部 c 三大部分组成,钎子 2 的尾端插在凿岩机机头部 c 的钎套内,注油器 3 连在压气管 4 上,使润滑油混合在压缩空气中呈雾状而带入凿岩机内润滑各运动副。气腿 5 支承凿岩机并给以推进力。压力水由水管 6 从凿岩机柄体部送入,经注水机构与插在机器内的水针直至钎子的中心孔,将炮眼内的岩粉冲洗出来。

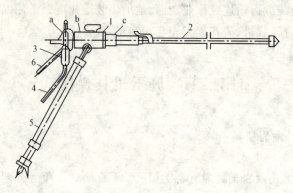

图 5-1　气腿式凿岩机

1——凿岩机;2——钎子;3——注油器;4——压气管;5——气腿;6——水管

2. 影响风动凿岩机钻速的因素

影响凿岩机钻速的因素很多,主要有岩石性质、凿岩机的工作条件和炮眼参数。

3. 风动凿岩机钻眼安全注意事项

(1) 钻眼前的准备工作

① 检查凿岩机、钻架是否完好,风、水管是否完好畅通,风、水门是否跑水、漏水,连接头是否牢固,凿岩机零部件是否完好齐全,螺丝是否紧固,并注油试运转。

② 检查所用钻杆是否弯曲,中孔是否堵塞,钎尾是否完好,钎头是否能安上。

③ 准备齐全需用的钻杆、钻头。

④ 检查工作面的安全状况是否良好。处理顶帮浮岩活石,整修加固工作面的临时支护,以保证工作面安全作业。

(2) 钻眼安全注意事项

① 钻眼必须按中、腰线及作业规程中爆破图表进行,画好轮廓线,并标出眼位,按规定的眼位、方向、角度和深度钻眼。

② 开钻时,应把凿岩机操作阀开到轻运转位置,待眼位固定,并钻进 20~30 mm 后,再开到中运转位置钻进,钻进 50 mm 钻头不至脱离眼口时,再全速钻进。

③ 为避免断钎伤人,钻眼工要精神集中,时刻注意钻进情况。禁止骑钻作业。多台作业时,禁止交叉钻眼,禁止钻机前方、钻杆下方站人。

④ 钻眼时,凿岩机、钻杆与钻眼方向要保持一致。推力要均匀适量,不要过大,下扎眼要适当提钻减压,以防夹钻断杆。

⑤ 凿岩机钻眼过程中,要经常检查风、水管接头是否牢固,有无脱扣现象,如连接不好应停钻处理后再作业。

⑥ 钻杆与钻头连接要牢固,钻眼过程中,如发现合金片脱落,必须及时更换钻头。

⑦ 严禁在残眼内继续钻眼。

⑧ 钻眼过程中,如果发现岩层出水、瓦斯涌出等异常现象要停止钻眼,并不得拔出钻杆,迅速汇报调度室。

⑨ 钻完眼后,应将钻眼工具、设备等全部撤到安全地点存放。

4. 凿岩机使用、维护

(1) 打完眼后应将凿岩机和气腿送到放炮崩不着的安全地点,放置时让气腿底部着地,上部靠在岩帮上或气腿架上。气腿下垂,这样放置,取放都方便。

(2) 打眼时移动凿岩机,应该用肩扛起凿岩机,手提风、水管路,免得岩石碎屑进入管内。

(3) 使用要轻拿轻放,不能乱放和碰撞。

(4) 打眼时,连接风管和水管的时候,应先用风把管子里的杂物吹掉,以免进入机体及气腿中。风管和水管连接要严密。

(5) 操作时随时注意各部位的螺栓是否松动。在打眼时,每隔一小时用注油器注油一次,保证凿岩机润滑情况良好。

(6) 打眼结束后,把凿岩机和气腿放在安全地点,不要拆开风管和水管,凿岩机机头向下存放,避免岩石碎屑伤入。

(7) 凿岩机和气腿每工作 20~30 h,送到井上进行全面检修和注油。

二、喷浆机的使用与维护

(一) 喷浆机开机前的检查

(1) 检查喷浆机的电路、风路、输料管路、水源等是否安装正确可靠。

(2) 检查喷浆机各部是否完整齐全,料斗内有无杂物,定量板、下料孔的位置是否正确。

(3) 打开旋塞,将油水分离器内的油水排净。

(4) 启动电机,检查旋转体的转向是否正确。

(二) 试验送风

(1) 开启进风管闸阀,吹管路 2~3 min。并根据输料管长度,调整启动压力,见表 5-1。

表 5-1 料管长度与启动压力

料管长/m	启动压力/MPa
20	0.06～0.08
30	0.08～0.12
40	0.12～0.15
50	0.14～0.18
60	0.16～0.2

（2）启动电机，检查旋转体余气泄放声是否正常。

（3）机器加料后工作压力应稳定在某一数值上（根据拌合料的含水量、骨料配比及输料管长度确定）。

（三）运转中的注意事项

（1）注意压力表值的变化。用压风排除堵管故障时，喷头应按在地上，严禁喷嘴对人。送风时应发出信号。

（2）喷射手如感到有堵管、停风、停料等不正常情况时，应把喷头按在地上后再和开机人进行联系。

（3）喷头上的料管应注意检查磨损情况，防止磨损超限引起爆裂伤人。

（4）开机时应先送电，再开电动机，然后加料，停机时顺序相反。

（四）喷射结束后应进行下列工作

（1）用压风吹净旋转体料腔及输料管内的余料，清扫机体外的粉尘。

（2）拆卸出料弯头、橡胶结合板和旋转体，清除黏结物。

（3）拆卸座体，清除积存在座体内的余灰。

（4）调整或更换清扫板、衬板、结合板和旋转板。

（5）切断电源，关闭压风及供水管路的闸阀，清理工作场地。

复习思考题

1. 钻眼操作前准备工作有哪些？
2. 使用煤电钻前需进行哪些检查？
3. 如何利用风钻打眼？
4. 液压锚杆钻机的使用方法？
5. 风动凿岩机的结构及工作原理是什么？
6. 风动凿岩机的操作注意事项有哪些？
7. 喷浆机开机前的准备工作有哪些？
8. 喷浆工应做到"五不喷"、"四到底"、"四检查"，指的是什么？

第三部分
中级工技术知识和技能要求

第六章　锚喷工中级工基本知识

第一节　视图知识

矿图是煤矿生产中专用图纸的简称。它分为矿井测量图和矿井地质图两大类。根据测量规程规定,矿井测量图必须具备八种矿图:即井田区域地形图、工业广场平面图、主要巷道平面图、井底车场平面图、采掘工程平面图、井上下对照图、井筒断面图、主要保安煤柱图。

根据矿山测量资料绘制的矿图,是矿山开采中最为重要的技术资料,它反映了矿山地面地形、地物的实际情况,井下巷道空间几何关系和煤层开采情况。因此,矿图成为矿山勘探、建设、生产管理和日常指挥生产中极为重要的工具。

一、矿图识别

识矿图,应从整体开始,先看轮廓,后看细节,逐步深入加以分析,以获得较清楚的全面认识。

第一看图名,因为矿图图名说明了地点、内容和图纸的种类。可分清是否是需要的图纸。

第二看图的比例尺,可知道图纸的大小和图中有关尺寸。

第三识别图的方向,地形图都按标准图幅绘制。图上经纬线方向与图廓方向一致,为上北下南,左西右东;对于矿图来说,按开采顺序由浅到深绘制,即按倾斜方向绘制,所以图上经纬线方向与图廓方向往往不一致,在这种情况下,每张图纸都必须画出指北针以示方向。

二、井巷工程图纸读法

(一)采掘工程图的读法

采掘工程图的读法,一般遵循从整体到局部、从地面到井下的原则。

(1)先看矿井的地理位置、指北方向、经纬线和比例尺,了解概况。

(2)从井口、井底车场开始,找主要石门,水平运输大巷,主要上下山、人行道。了解矿井的开拓方式,再看为采煤准备的巷道、采区布置、回采方法、运输及通风系统。

(3)煤层的产状和地质构造。

(二)主要巷道平面图的读法

(1)水平内部主要巷道、井底车场、运输大巷及石门、煤层内运输巷。

(2)通过该水平的竖井和斜井。

(3)水平内所有硐室。

(4)水平内的煤层底板等高线、断层线,注明煤层的倾角、厚度、断层倾角和落差。

(三)巷道掘进工程图的读法

(1)掘进巷道的平面布置,施工方位、巷道尺寸、巷道工程量。如图6-1所示。

(2)巷道支护断面图,巷道施工的毛断面规格尺寸,净断面规格尺寸,支护形式及支护材料。如图6-2所示。

(3)巷道剖面图,明确巷道的施工坡度,巷道的地质情况。如图6-3所示。

(4)设备布置图,巷道施工所用设备的型号、数量、安装位置。

(5)避灾路线图,为确保施工人员的安全及遇到灾害时能及时避灾而设置的避灾逃生路线。施工作业人员必须熟悉掌握避灾

路线。图上应明确标注发生各种灾害时的避灾路线。如图 6-4
所示。

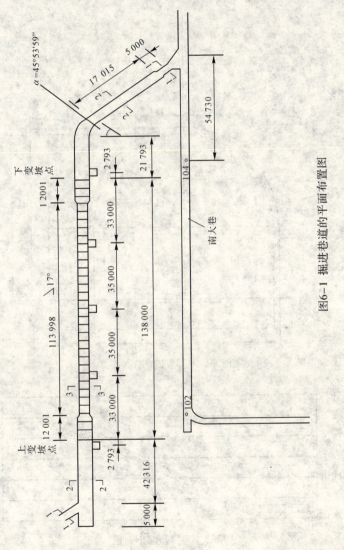

图6-1　掘进巷道的平面布置图

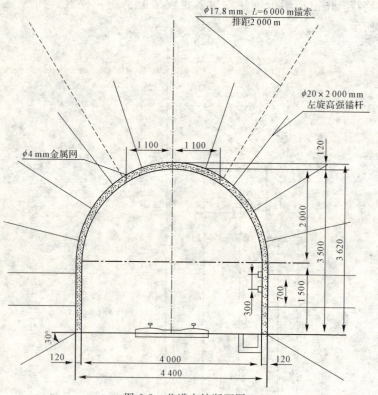

图 6-2　巷道支护断面图

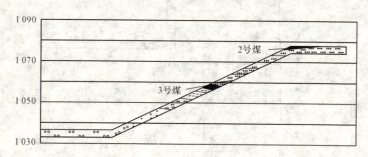

图 6-3　巷道预想剖面图

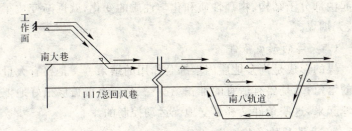

图 6-4 掘进巷道的避灾路线图

第二节 地 质 知 识

一、煤的生成及煤层产状要素

（一）煤的形成

煤是由古植物遗体变成的。从植物生长、死亡、堆积到转变成煤需经过一系列演变过程,大致划分为两个阶段:

第一阶段,泥炭化阶段。

在中生代陆地上浅湖、湖滨和泥炭沼泽中植物大量繁殖和聚积,由于植物的不断生长、死亡,其遗体倒在水中,被水浸没而隔绝了氧气。在缺氧的条件下,植物遗体不会很快腐烂,因而不断形成植物堆积层。同时,在厌氧细菌的作用下,植物遗体不断分解、化合,形成了泥炭层。

第二阶段,煤化阶段。

由于地壳运动,泥炭层形成后下沉,被泥沙等沉积物覆盖层掩埋。当被覆盖的泥炭层沉降到地下之后,环境就发生了显著的变化。它要经受上覆盖层的压力,更重要的是要经受地热作用。在温度和压力的影响下,泥炭层开始脱水、压紧,密度增加,碳含量逐渐增加,氧含量减少,腐殖酸降低。经过一系列的变化之后,泥炭就变成了褐煤。如果褐煤继续受到不断增加的温度、压力的作用,引起内部分子结构、物理性质和化学性质的变化,就逐渐变成了烟煤、无烟煤。

(二)煤的形成条件

煤的形成是许多地质因素综合作用的结果。一是要有大量植物的繁殖;二是要有适宜的堆积场所;三是要有覆盖层很好地把它掩埋起来,这些条件又都是受地壳运动控制的。

(三)煤层的产状

煤层的产状是指其在地壳中的产出状态,包括它们的储存状态和所在空间的位置。煤层与其他沉积岩一样,在开始形成时,它们的赋存状态大都是水平或大致水平的,由于地层受到各种地质作用,破坏了原来的状态,由水平状态变成倾斜状态、弯曲状态。为了说明倾斜煤层的空间位置和分布,就要用产状要素来表示。产状要素包括煤层的走向、倾向和倾角,如图 6-5 所示。

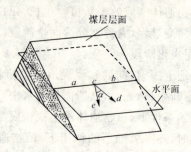

图 6-5 煤层的产状要素

ab——走向线;cd——倾向线;ce——倾斜;α——倾角

1. 走向

煤层层面与水平面的交线称为走向线,走向线两端所指的方向就是煤层的走向。走向表示倾斜煤层沿水平线的伸展方向。

2. 倾向

在煤层层面上与走向线垂直直线叫做倾斜线,倾斜线由高向低的水平投影所指的方向称为倾向。

3. 倾角

煤层层面与水平面之间的夹角叫做倾角,倾角的大小反映煤层的倾斜程度;倾角的变化在 $0°\sim90°$ 之间,煤层倾角越大,开采难度就越大。根据采煤技术的特点,煤层按倾角大小不同,分为 4 类:

近水平煤层——倾角小于 $8°$;

缓倾斜煤层——倾角 $8°\sim25°$;

倾斜煤层——倾角 $25°\sim45°$;

急倾斜煤层——倾角大于 $45°$。

要想合理布置巷道,就必须掌握岩层和煤层的产状要素。同时,煤层倾角的大小也是决定采煤方法的重要依据。

二、断层要素及分类

煤(岩)层受地壳运动产生的地应力作用发生断裂,就失去了连续性和完整性,出现断裂面,形成断裂构造。如果某断裂面两侧的煤(岩)层没有发生显著的位置错动则称为节理或裂隙;如果发生了显著的位置错动,即称为断层。

(一)断层要素

断层的性质及其在空间的位置和形态,可用断层要素来表示,它包括:断层面、断层线、断盘及断距等。

(1)断层面:岩层被断层切断时,两部分岩体总是沿着破裂面发生相对位移的,断裂后产生相对位移的破裂面称为断层面。断层面有的是较规则的平面,大多数则是由破碎岩石构成的所谓断层破碎带。

(2)断层线:断层面与水平面的交线。

(3)断盘:断层面两侧的岩体称为断盘。

(4)断距:断层上下盘沿断层面相对位移的距离叫断距。常用断距有垂直断距(又叫落差)和水平断距。

（二）断层的分类

根据断层两盘相对位移的方向,可将断层分为正断层、逆断层和平移断层。

（1）正断层是上盘相对下降,下盘相对上升的断层（如图6-6(a)）。

（2）逆断层是上盘相对上升,下盘相对下降的断层（如图6-6(b)）。

（3）平移断层是指两盘只是沿着水平方向移动（如图6-6(c)）。

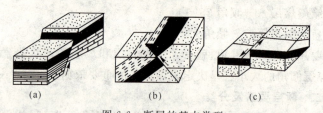

图 6-6　断层的基本类型

(a) 正断层;(b) 逆断层;(c) 平移断层

在井下采掘过程中断层往往成群出现,由于它们不同的组合而成为地堑、地垒、阶梯状断层等。

（三）断层出现的征兆

（1）煤层的走向与倾斜发生较大的变化。

（2）煤层顶、底板出现严重凹凸不平,顶、底板岩石裂隙增多,而且越接近断层裂隙越多。

（3）煤层厚度发生显著变化,煤层松软,光泽变暗,滑动面和摩擦痕增加。

（4）破碎带有滴水或涌水出现,瓦斯涌出量增大。

（四）断失煤层的寻找方法

（1）断层擦痕处痕迹细而深,移动方向宽而浅。用手摸时,感觉顺向光滑,逆向粗糙刺手。

（2）牵引现象。牵引使断层滑动面附近岩层变弯变薄,可以据此观察断盘移动方向。

（3）导脉。在断层夹缝里出现厚度几厘米的碎煤，叫导脉，也叫煤线。根据煤线分布可以分析断层错动的方向。

（4）小断层类比法。主要断层附近有一系列小断层，观察小断层的动向，与主要断层是一致的，由此可判断出主要断层。

（5）对比分析法。分析邻近巷道或采区中已查明的断层，比较其状况是否一致，在图纸上是否连接，从而判断断层方向。

（6）煤岩层的层位对比法。根据断层两侧的煤岩层确定断层的性质，寻找断失的煤岩层。

三、矿井涌水水源

矿井涌水的来源有大气降水、地表水、地下水和采空区积水等。

（1）大气降水：指雨、雪、冰雹等降下的水，它往往以渗透的形式补给地下水，从而进入矿井。

（2）地表水：指位于矿井附近的河流、湖泊、洼地积水等地表水体，它通过岩石孔隙、裂隙渗入地下，补给地下水，从而进入矿井。当地表水通过地表裂隙、断层或透水性强的含水层流入矿井时，会造成矿井突然涌水事故。

（3）地下水：是矿井充水最经常、最主要的水源。而大气降水和地表水一般也是补给地下水后而流入矿井。

（4）采空区积水：废弃的井巷和采空区中积存的地下水，称为采空区积水。当采掘不明巷道以及老巷等，无图纸、无标志时，也容易造成突然涌水现象。

第三节　测量知识

为使测量有一个共同的基准面，就需要选一个有代表性的基准面作为标准，现在把约占地球表面 71% 的静止的海平面，延伸到大陆下边去，构成一个包围地球表面闭合的近似球形的水准面。在水准面上任一点的铅垂线都与该平面正交，测量学把这个水准面叫做大地水准面。一切地面和矿井测量工作,都将大地水准面作为高程的起算基准面。

我国规定取 1956 年黄海平均海水面作为国家大地水准面,即高程起算面。地面上任一点到大地水准面的铅垂距离,就叫做各点的高程。地面两点高程之差,叫做高差。

一、巷道掘进的定向

为了掌握巷道的方向和坡度,正确的定出眼位,钻眼前应将巷道的中、腰线引至工作面,根据巷道的中、腰线确定出周边眼、辅助眼和掏槽眼的位置,以明显的标志标在工作面上,然后进行钻眼。

在巷道掘进工作中,要保证巷道断面的规格、尺寸,巷道的坡度、方向符合设计的要求,必须按巷道的中心线、腰线进行施工。

中心线和腰线是由测量人员用仪器测定的。中心线是巷道掘进的基准线。每隔一定距离在巷道顶板或支架上标定一组设有标桩与挂线的中心点。腰线是指示巷道的坡度的基准线,腰线点设在距巷道底板或永久轨面以上 1 m 处,标在侧帮或支架上。

使用激光定向仪时,一般安装在距工作面 100 m 以外、围岩较好、巷道顶板上的中心线位置,然后将定向仪对中调平,光束中心在工作面岩壁上形成一强光亮点,即为中心位置。根据中心线的高度可确定腰线位置。激光定向仪距工作面的最大距离以光斑清晰为准,一般为 500 m 左右。由于爆破震动等原因,指向可能发生偏差,应定期检查、调整。

巷道中、腰线的标定工作应由专职测量人员负责。为了便于施工,搞好工程质量,每个施工人员都必须掌握利用简单的工具、仪器,在短距离范围内使用和延设中心线和腰线。

二、延长中心线、腰线

(一)中心线、腰线的延设

1. 中心线的使用和延设

最简单、方便的中心线的使用和延设办法为拉线法(如图 6-7

所示）。在原中线的 1 点上系线绳，首先检查 1、2、3 方向是否在同一直线上，经检查正确后，方可在前方设置另一组中线点 4、5、6。如此重复向前，随着巷道的延伸而延设。按测量规程要求，每隔 30～40 m 用经纬仪重标一组。

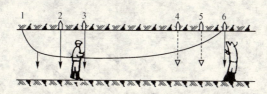

图 6-7　中线的延设方法

使用拉线法延设中心线时，每次必须选 3 个以上原线点，并应校正无误后，方能沿线。

2. 腰线的使用和延设方法

（1）拉线法。如图 6-8 所示，在原腰线 1 点上系线绳，拉到工作面 4 点上、下移动，使之与原腰线点 2、3 重合一致时，4 点即为工作面的腰线点。

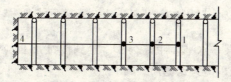

图 6-8　拉线法延设腰线

（2）半圆仪延设腰线。如图 6-9 所示。将线绳一端系在原腰线点 1 或 3 上，线绳的另一端拉到工作面 2 或 4 点，使半圆仪垂球线所指的角度与巷道坡度一致，则 2 或 4 点即为工作面的腰线点。

三、比例尺的含义

测绘各种图纸时，不能把现场的实际大小测绘到图纸上，必须把实地长度缩小若干倍，方能绘于图上，这种缩小的倍数就叫比例

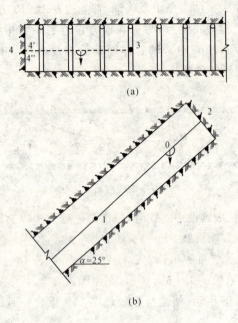

(a)

(b)

图 6-9 半圆仪延设腰线

(a) 半圆仪延设平巷腰线;(b) 半圆仪延设斜巷腰线

尺。如实地某一水平面距离为 D ,绘到图纸上相应的长度为 d ,则两者的比值,即为比例尺。

比例尺分为数字比例尺和直线比例尺两种。数字比例尺通常以分子为 1,以 10、50、100、500、1000、2000、5000 等整倍数为分母,例如 1/50、1/500、1/2000 等形式表示。直线比例尺是在图上用直线上表示比例尺的大小,如图 6-10 所示。

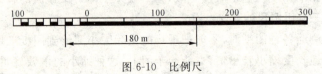

图 6-10 比例尺

复习思考题

1. 什么是煤？
2. 煤层按倾角大小不同，分为哪几类？
3. 按断层两盘相对位移的方向，可将断层分为哪几类？
4. 断层出现的征兆有哪些？
5. 矿井涌水的来源有哪些？
6. 根据成因和岩石本身的特征不同，岩石可分为哪三大类？
7. 什么叫做比例尺？
8. 巷道中、腰线的作用是什么？
9. 中线的延设方法是什么？腰线的延设方法是什么？

第七章　锚喷工中级工专业知识

第一节　喷射混凝土施工工艺及质量标准

一、锚喷支护基本原理

通过锚杆的轴向作用力,将围岩中一定范围岩体的应力状态由单向(或双向)受压转变为三向受压,从而提高其环向抗压强度,使压缩带既可承受其自身重量,又可承受一定的外部载荷,从而有效地控制围岩变形。通过喷射混凝土及时封闭围岩,防止掉块,组成与锚杆、围岩共同作用的组合拱。

二、喷射混凝土工艺及喷射混凝土材料质量要求

(一)喷射混凝土材料

喷射混凝土要求凝结硬化快,早期强度高,故应优先选用硅盐水泥和普通硅盐水泥,水泥的强度等级不得低于400,不得使用受潮或过期结块的水泥。

为了保证混凝土强度,防止混凝土硬化后的收缩和减少喷射粉尘,喷射混凝土中的细骨料应采用坚硬干净的中沙或粗沙,沙子的细度模数宜大于2.5。

为了减少回弹和防止管路的堵塞,喷射混凝土的粗骨料粒径一般不大于15 mm。

水灰比以0.4~0.5为佳,水灰比在此范围内,喷射的混凝土强度高而回弹少。

为使喷射混凝土能迅速黏结在墙壁上,需要在喷射混凝土中

添加速凝剂。速凝剂的掺加比例根据品种不同而异,一般要求喷射混凝土初凝不应大于 5 min,终凝不应大于 10 min。

在混凝土中加入钢纤维可有效地改善混凝土的整体力学性质,特别是提高喷层的抗拉强度与变形能力,变脆性材料为塑性材料。一般在喷射混凝土中掺加水泥比重量 4%的约长 30 mm、直径 0.25~0.4 mm 的钢纤维。这种钢纤维喷射混凝土可提高抗压强度 50%、抗拉强度 50%~70%、抗弯强度 30%左右,韧度还能提高 9 倍,从而减少了喷射混凝土脆性可能引起的破坏。

(二)喷射混凝土主要性能指标

1. 喷射混凝土强度

喷射混凝土的设计强度等级不应低于 C15;喷射混凝土 1 d 龄期的抗压强度不应低于 5 MPa。钢纤维喷射混凝土的设计强度等级不应低于 C20,其抗拉强度不应低于 2 MPa,抗弯强度不应低于 6 MPa。

2. 喷射混凝土厚度

喷射混凝土的收缩较大,若其厚度小于 50 mm,喷层中粗骨料的含量甚少,容易引起收缩开裂。同时,喷层过薄也不足以抵抗岩块的移动,常出现局部开裂或剥落。因此,喷射混凝土支护的最小厚度不应小于 50 mm。

根据锚喷支护原理,要求喷层具有一定的柔性。因此,规定喷射混凝土厚度一般不应超过 200 mm,特别在软岩中做初期支护,喷层过厚,会产生过大的形变压力,易导致喷层出现破坏,这是不经济的。当喷层不能满足支护抗力要求时,可用锚杆或配筋予以加强。

(三)喷射混凝土工艺流程

从混合料及施工工艺上可将喷射工艺分为干式喷射法和湿式喷射法两种。目前干喷法在我国和其他国家仍是喷射混凝土的一种主要方法。采用干式喷射工艺时,先将沙、石过筛,按配合比和水泥一同送入搅拌机内搅拌,然后用矿车将拌合料运送到工作面,经上料机装入以压缩空气为动力的喷射机,同时加入规定量的速凝剂,再经输料管吹送到喷头处与水混合后喷敷到岩面上。如图7-1所示。

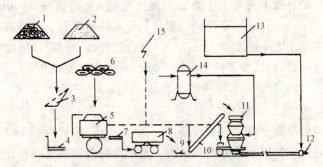

图 7-1　干式喷射混凝土的工艺流程

1——石子;2——沙子;3——筛子;4——磅秤;5——搅拌机;

6——水泥;7——筛子;8——运料小车;9——料盘;10——上料机;

11——喷射机;12——喷嘴;13——水箱;14——气包;15——电源

　　采用干式混凝土喷射机时,喷射作业粉尘大,水灰比不易控制,混合料与水的拌合时间短,使混凝土的均质性和强度受到影响,喷层质量低。为了解决这些问题,可采用湿式混凝土喷射机,即将混凝土混合料与水充分拌合后再由喷射机进行喷射,其工艺流程如图7-2所示。

　　解决干式喷射机粉尘大等问题的另一实现途径,是研制与使用湿喷机,即装入喷射机的是潮湿的混合料,在喷头处再加入适量水后喷向岩面。使用含水率小于 7%(水灰比≤0.35)的混合料,料腔不黏结,不需清理,其受料和出料系统能连续畅通,始终保证正常工作。

三、混凝土配合比、水灰比及速凝剂掺入量

　　水灰比不同,混凝土喷射效果不同。水灰比大于 0.5 时,混凝

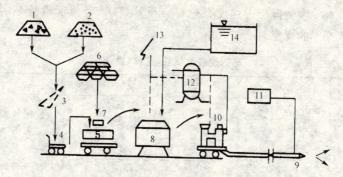

图 7-2　湿式喷射混凝土的工艺流程

1——石子;2——沙子;3——筛子;4——磅秤;5——搅拌机;
6——水泥;7——筛子;8——搅拌机;9——喷嘴;10——湿喷机;
11——液体速凝剂;12——气包;13——电源;14——水箱

土表面起皱,有滑动流淌现象,与岩石黏结差。小于 0.4 时,混凝土表面灰暗,有干斑,密实性差,料束分散,喷层均质性差,强度低,回弹率和粉尘大。一般水灰比以 0.43～0.5 为宜,混凝土表面平整,黏结性好、石子分布均匀、强度高,与岩石黏结强、回弹少、粉尘小。

合理的配合比是保证混凝土强度的重要因素。当前常用 400 号混凝土强度,其配合比为水泥:沙:碎石=1:2:1.5～2,喷墙碎石可多一些,喷拱可少些,碎石粒径以不超过 25 mm 为宜。

掺速凝剂主要使混凝土早凝早强,防止喷射因重力作用,引起喷层坠落,一般掺量以水泥重量的 2%～4% 为宜。掺入量过多,延长凝固时间,起不到速凝作用,而且还降低后期混凝土强度;过少起不到速凝作用。

四、锚喷支护质量标准

(一)保证项目的要求

(1)喷射混凝土所用的水泥、水、骨料、外加剂的质量必须符合设计要求。

(2)喷射混凝土的配合比、外加剂掺量必须符合设计要求。

（3）喷射混凝土强度必须符合设计要求，其强度检验必须符合表 7-1 的规定。

表 7-1　　　　　　　　喷射混凝土试块（芯样）数量

序号	工程种类	工程量	试块（芯样）数量	备注
1	立井、天井、溜井	每 20～30 m	不少于 1 组	1. 试块每组 3 块，芯样每组 5 块，应在井巷类似条件下养护；2. 材料或配合比变更时应另行取样
2	斜井、平硐、巷道	每 30～50 m	不少于 1 组	
3	硐室	1 000 m³ 以上	不少于 5 组	
		500～1 000 m³	不少于 3 组	
		500 m³ 以下	不少于 2 组	
4	其他独立工程	50～100 m 或小于 50 m³	不少于 1 组	

（二）喷层厚度要求

（1）喷层厚度不小于设计的 90％为合格。

（2）喷层厚度不小于设计为优良。

（三）喷射混凝土支护规格偏差要求

喷射混凝土支护规格偏差要求见表 7-2。

表 7-2　　　　　　喷射混凝土支护规格偏差项目

项次	项目			合格/mm	优良/mm
1	立井	圆形井筒净半径，方、矩形井筒中心十字线至任一帮距离	有提升	0～+150	0～+100
			无提升	±150	0～+150
2	斜井、平硐、巷道	净宽　中线至任一帮距离	主要巷道	0～+150	0～+100
			一般巷道	−50～+150	0～+150
		净宽　无中线测全宽	一般巷道	−50～+200	0～+200
		净高　腰线至顶、底板距离	主要巷道	0～+150	0～+100
			一般巷道	−30～+150	0～+150
		净高　无腰线测全高	一般巷道	−30～+200	0～+200

项次	项目				合格/mm	优良/mm
3	硐室	净宽	中线至任一帮距离	机电硐室	0～+100	0～+80
				非机电硐室	−20～+100	0～+100
		净高	腰线至顶、底板距离	机电硐室	−30～+150	0～+150
				非机电硐室	−30～+150	0～+150

（四）喷射混凝土的表面平整度和基础深度的允许偏差

喷射混凝土的表面平整度和基础深度的允许偏差见表 7-3。

表 7-3　　　　　　　　　　　允许偏差值

项次	项目	允许偏差	检验方法
1	表面平整度（限值）	≤50 mm	用 1 m 靠尺和塞尺量检查点 1 m² 内的最大值
2	基础深度	≤10%	尺量检查点两墙基础深度

第二节　钻眼机具的使用与维护

一、MQT 系列气动旋转式锚杆钻机

气动旋转式锚杆钻机主要由驱动机构、推进机构、操作机构三大部分组成。驱动机构主要由马达、消音器、减速箱、水室和钻杆连接套等部分组成。推进机构主要由多级伸缩汽缸组成，控制机构主要由连接座、阀体、操纵臂、T 型把手、配气轴等组成。

（一）使用条件

1. 压缩空气

工作气压应保持 0.4～0.63 MPa，在距钻机进气口 5 m 左右处测定。压缩空气要洁净、干燥，如含过量水分，会冲刷去气马达内零件表面的油膜，使润滑恶化，并使消音器内结冰，堵塞排气通道，钻

机不能正常运转。为了排除压缩空气中的过量水分,压气管路上要配置有效的气水分离器,并在每次钻孔作业之前,排放积水。

2. 冲洗水

水质要清净,否则水路容易阻塞。水压应保持 0.6～1.2 MPa。如水压低了,影响岩屑及时从钻孔中排出,从而不能取得理想的钻孔速度,不能充分发挥钻机的效能。每次钻孔作业完毕,应先停水,再让钻机空运转一会儿,有利于去水防锈。

3. 润滑

钻孔作业时,禁止无油作业。注油器内必须有润滑油储存,润滑油耗量以 2～3 mL/min 为宜。钻杆插入钻机钎套之前,先涂上润滑油脂,可有效地延长钻杆和钎套的使用寿命。

检修气动马达和减速箱时,应对滚动轴套注以 ZG-2H 油脂,减速箱内应存储 2/3 容腔的油脂。每使用 0.5～1 个月,通过减速器上的两个注油嘴补充注入润滑油脂。

4. 初始钻杆

初始钻杆应符合图 7-3 所示。钻杆端头断面为六方形,其六

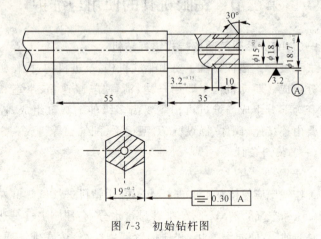

图 7-3 初始钻杆图

方形对边距离为 19 mm。要求钻杆具有一定弹性和耐磨性,所以一定要配用优质的成品钻杆。禁止使用弯曲的钻杆。

（二）工作原理

接上气源,打开马达气阀,压缩空气通过马达控制阀和配气输送管输送至气马达,气马达旋转并通过齿轮箱中两对啮合齿轮将转速和扭矩传递给输出轴并带动钻杆钻头进行旋转切削破碎岩石。同时打开支腿气阀,压缩空气则由支腿控制阀、配气轴连接座内通道进入支腿,使支腿上升做切削推进运动,与马达的旋转运动共同完成钻孔作业。打开水阀,水进入水室,经输出轴上径向小孔至钻杆、钻头,用于湿式钻眼,既冷却钻头,又冲洗岩尘。

（三）钻机操作要求

（1）气动锚杆(锚索)钻机所有的操作都是通过控制装在操作机构最后端的旋转钮和手把来实现的,工作时站在钻机后面以增强安全性。

（2）冲洗水由右手控制的旋转钮来控制,通过转动旋转钮,水路被接通或被关闭。

（3）左手控制旋转钮来控制气腿的伸缩,当旋转钮转到"打开"位置时,气腿伸出;当旋转钮转到"关闭"位置时,气腿借自重下降而缩回。

（4）当握住手把时,主阀芯弹到"旋转"位置,钻机开始旋转;当放开手把时,主阀芯自动回复到"关闭"位置,钻机停止旋转。

（四）钻孔前的检查

（1）检查所有的操作控制开关,都应处在"关闭"位置;检查油雾器的工作状态,确保油雾器充满良好的润滑油(一般采用 20 号机械油),供油口大小调到适当位置。油雾器的连接方式见图 7-4。

（2）检查空气管和水管是否足够长,确保空气管直径不得小于 19 mm;检查气管和水管是否连接到各自相应的接头上(左边为空气管接头,右边为水管接头),是否足以满足伸长时的安全操

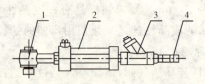

图 7-4　油雾连接示意图

1——气管组合接头；2——油雾器；3——过滤器；4——过渡接头

作和摆脱障碍物。

（3）压缩空气进气管和高压冲洗水管连接到锚杆（锚索）钻机以前要吹干挣，确保各接头体和气、水管路清洁，防止脏物进入钻机，影响钻机正常工作，降低钻机的使用寿命。

（4）如果在左侧煤壁或工人身边钻孔时，要当心钻机突停时手柄摆动伤人。

（5）注意操纵机构的尾端，操作者到钻机的距离不能小于臂端到钻机的距离，臂端置于操作者的右边。

（6）安装钻杆前，应检查钻头是否锋利，钻头的尺寸、型号与顶板的情况是否相适应；检查钻杆是否直，水射流孔是否畅通，禁止用弯曲的钻杆钻眼。

（7）钻孔前检查水封是否漏水，确定是否需要更换水密封。

（8）开钻前，根据煤层的高度，选择最长的合理的初始钻杆和完成钻杆，使得钻眼快速、安全。当完成钻杆安装在锚杆（锚索）钻机卡座里时，要确保其准确的长度。钻机钻眼时，要调整好位置，在顶板非常高的情况下，不准在钻机下衬垫木料，钻眼时要保持钻机与巷道顶板垂直。

（9）确保锚杆（锚索）钻机的工作空气压力在 0.4～0.63 MPa之间，并且冲洗水压力调定在 1.5 MPa。

（五）钻锚杆（锚索）孔

（1）定孔位。通过观察顶板，定好钻眼的位置，将钻机搬到定眼位的正下方,接上初始钻杆和完成钻杆,一只手抓住防护扶手,另一只手握住控制手柄,然后用左手拇指轻轻地旋转气腿伸缩开关,直至钻机慢慢地升起,使钻头触到顶板为止,右手轻轻按一下马达控制开关手把,使钻头略微快速地旋转,钻入顶板约 20 mm 深。

(2)钻锚杆(锚索)孔。定好孔位后,即开始钻孔,开始钻孔时用低转速,随着钻孔深度的增加,将转速调整到适合顶板类型的规定要求,直到初始钻杆钻进到位。

(3)退钻机,换上中间钻杆。关闭气腿和水阀开关,使马达慢速旋转,朝着自己的方位拉控制手柄,在钻杆下降到离开孔眼以前,用一只手抓住防护扶手,以确保钻机的平衡。然后拧开初始钻杆和完成钻杆,换上第二根钻杆,做好下一次钻孔的准备。

(六)搅拌、安装树脂锚杆

钻孔完毕后,取下钻杆,将锚杆安装器插入钻机的连接套内,再将锚杆尾部螺母插入锚杆安装器内,将树脂锚固剂装入钻孔内,用锚杆顶住锚固剂。马达不旋转,仅使支腿作上升运动,将锚固剂送入孔底,这时,使马达边旋转支腿边上升,待锚杆送到孔底钻机停止上升,马达快速旋转搅拌锚固剂,搅拌时间视锚固剂型号而定。等待时间满足要求后,再启动钻机快速旋转,同时支腿做上升运动,直到扭矩螺母上的阻尼部件打开为止。最后马达停止旋转,钻机落下,关闭气源。

(七)钻孔后的检修

(1)钻孔完成后,先关闭冲洗水管,再关闭进风管,防止钻机锈蚀。

(2)整理风、水管,检查软管状况是否完好,清洗钻机表面的污物,确保各接合处没有污物堆积。

(3)目测设备有无损伤,松动的螺栓要紧固好,所有控制操作开关均应位于"关闭"位置。

（八）操作注意事项

（1）水、气管接头的耐压能力必须与水管的耐压能力相一致，气压应不低于 0.45 MPa。

（2）在使用过程中必须按时定量添加润滑油。

（3）钻孔过程中，必须根据岩石状况调整钻机的旋转速度与支腿推力，使之相匹配。

（4）操作钻机时，操作人员要站稳，叉开双腿，左脚吃住力，控制住机器，防止在上螺母时失去平衡。

（5）当钻机突然停钻时，将产生较大扭矩，使操作臂右摆，操作人员应注意自己的位置，确保安全。

（6）操作人员不能穿宽松的衣服，袖口要系紧。

（7）支腿收缩时，操作人员的手不能放在支腿上。

（8）在锚杆支护过程中，要注意观察顶板和两帮，确保安全作业。

（九）常见故障及排除方法

钻机常见故障及排除方法见表7-4。

表 7-4　　　　　　　钻机常见故障及排除方法

故障类别	原因	处理办法
马达转速太慢	马达或管路吸入粉尘	用压缩空气吹净，检查管路并确保没有阻塞
	气压低	查看气路压力表确保气压在 0.4 MPa 以上
气腿下降太慢	缺少润滑油	检查油雾器的工作情况和其内是否充满润滑油
	气腿损坏或被卡	检查气腿是否破坏，若是，则上井维修
	放气阀损坏	检查快速放气阀是否畅通，排除粉尘，应使排气畅通
不能将锚杆（锚索）推到底	气压低	调节气压，达到要求
	使用不合适的树脂药卷	检查药卷是否符合要求
	气腿推进力不够	检查气腿密封及放气阀
	钻机偏离锚杆（锚索）孔	重新放置正对钻孔

续表 7-4

故障类别	原因	处理办法
钻孔速度降低	气压低	调节气压,达到要求
	使用不合适的钻头	选择合适的钻头
	钻头磨损	更换钻头
	岩石坚硬	降低转速,气腿全力推出
	水压低、水流量小	检查水压和流量,压力为 1~2 MPa,并检查水路是否堵塞
钻孔时钻机过度摇摆	钻杆变形	确保使用直的钻杆
	卡座磨损	检查卡座是否磨损,必要时升井维修
	气腿磨损	升井修理、更换
钻孔时,手柄上感到大的反扭矩	气压高、水压低	检查气压和水压,调节使其达到要求,必要时更换钻头
水封漏水	输出轴上水密封损坏	更换该密封件
操纵阀漏水	水阀密封件损坏	更换水阀密封件
气腿推进力小	气腿密封阀损坏	检查气腿密封阀是否被破坏,必要时更换气腿密封阀
	放气阀关闭不严	检查放气阀阀芯的密封面是否损坏,进行修磨或更换阀芯
	气路不畅	对气腿的进气气路进行全面的检查,确保气路畅通

二、气腿式凿岩机

(一)主要机构及工作原理

1. 主要机构

气腿式凿岩机主要由冲击及配气机构、转钎机构、排粉机构、推进机构、操作机构、润滑机构等组成。

2. 工作原理

气腿式凿岩机的基本工作原理是:在配气装置的作用下,活塞在汽缸中做往复运动,带动钎子冲击岩石。

冲击行程开始时,活塞位于气缸左侧,配气阀在极左位置,用柄体操纵阀套气孔来的压气,经气道、阀套气孔进入气缸左侧,而气缸右侧经排气孔与大气相通,故活塞在压气压力的作用下,迅速向右运动,冲击钎尾。活塞在向右运动的过程中,先封闭排气孔,而后活塞左侧越过排气孔。这时气缸右侧的气体受压缩,压力升高,经气道和阀柜作用在气阀的左面,而气缸左腔已通大气,故作用在气阀右面的压力小,气阀便向右运动,阀套气孔使气道和阀柜连通,于是活塞冲击行程结束,返回行程开始。如此往复运动,带动钎子凿岩。

（二）气腿式凿岩机使用与维护

1. 气腿式凿岩机使用

（1）操作阀的手柄控制凿岩机的运转状态。手柄共有六个工作位置,分别是:轻击、中击、重击、排水、强力充气和停止。

（2）调节阀控制气腿的伸长和推力,大小由调节阀杆控制,逆时针转动推力增大,顺时针转动推力减小直至关闭压气。

（3）调节阀杆用于控制气腿的放气,控制杆用于控制阀杆的放气定位,按下控制阀杆气腿即放气,在凿岩机自重的作用下气腿即回缩;按下控制杆,控制阀杆复位,气腿重新进气。

（4）当气腿第二级气腿开始伸出时,稍微打开调节阀,使气腿保持最佳推力。

2. 气腿式凿岩机的使用条件

（1）润滑油的选择。选用的原则是:环境温度较高时,润滑油的黏度应大一些,环境温度较低时,润滑油的黏度应小一些;夏季宜采用 20 号机械油,冬季宜采用 10 号机械油,油质应保持清洁。

（2）气、水管路及其压力。输气管路内径不小于 25 mm;接头及插管内径不小于 19 mm,工作气压在机器进气口保持 0.45～

0.55 MPa 最佳,气压不应超过 0.63 MPa。

水管内径一般为 13 mm。工作水压应低于工作气压 0.05 MPa,水压过高会引起气水联动机构失灵,并可能造成水进入机体内,损坏机器;水压过低影响排粉,会降低凿岩速度。

3. 气腿式凿岩机的维护保养

(1) 新机器使用之前必须拆卸清洗内部零件,除去零件表面的防锈油脂、重新装配时,各零件配合面必须涂润滑油,两个长螺栓应均匀拧紧。整机装配好后插入钎杆,用手单向转动无卡阻现象,并应空车轻运转或低气压下(0.3 MPa)运转 5 min 左右,检查运转是否正常,同时检查各操作手柄和接头是否灵活可靠,避免机件松脱伤人。

(2) 机器使用后应先卸掉水管进行轻运转,以吹净机体内残存的水滴,防止内部零件锈蚀。

(3) 每次凿岩完毕,要用清水冲洗掉中筒和活塞杆表面的黏附异物,涂刷润滑油,并用手拉动,使其伸缩自如。

(4) 在正常凿岩过程中,经常拆装的机器,两个长螺栓螺母易松动,要及时拧紧;气腿与主机铰接处,大螺母必须拧紧,而小螺母是用来调节铰接松紧程度的,切勿拧得太紧。

(5) 用过的机器,如果长期存放,应拆卸清洗,涂油封存。

三、MYT 系列支腿式液压锚杆钻机

(一) 主要机构及工作原理

1. 主要机构

MYT 系列支腿式液压锚杆钻机采用全液压驱动结构,主要由液压泵站和主机组成,如图 7-5 所示。

2. 工作原理

泵站开启后,液压泵站输出的压力油经过进油管送至操纵臂,通过操纵臂操纵马达旋转和气腿给进,由马达的旋转切削和气腿

的给进共同完成钻孔工作。

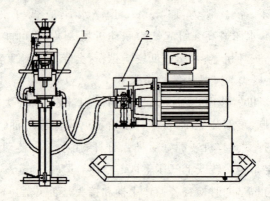

图 7-5　锚杆钻机结构图
1——主机;2——液压泵站

(二) MYT 系列支腿式液压锚杆钻机的使用及注意事项

1. MYT 系列支腿式液压锚杆钻机的使用

(1) 检查各部件有无松动,各连接部位是否可靠;检查油箱的油位是否接通电源和水源,启动电机,确保电机按规定方向旋转,检查油管是否漏油。

(2) 将主机立起,找准眼位。先开启马达,使钻机旋转,再慢慢开启支腿,让钻头慢慢接近顶板开孔。当钻进 30 mm 左右时,方可开启水阀,马达阀完全打开,并加大推力,进入正常作业。

(3) 钻孔到位后,马达需继续旋转,支腿控制手柄反向旋转,支腿收回,关闭水阀。

2. 注意事项

(1) 钻孔前,必须敲帮问顶,并采取临时支护措施。

(2) 钻孔时,不准戴手套握钻杆,应合理控制支腿推进速度,以免造成卡钎、断钎等事故;开孔时,应扶稳钻机进行开孔作业。

(3) 钻机加载或卸载时,会出现反扭矩,操作人员必须注意站位,紧握操纵臂,保持平衡。

（4）钻孔完毕后,应用水将钻机冲洗干净,并竖起靠巷道帮放置在安全地带,严禁平放在地面。

3. 维护与保养

（1）拆卸接头时应采取保护措施,防止赃物污染液压元件、液压油。

（2）油箱中的滤油器每 2～3 月清洗一次,回路中的滤油器每月更换一次。严禁不同型号液压油混合使用。

（三）维护及故障排除

1. 压力调节

泵站上压力表的压力出厂时已经调好,使用中不得擅自调节,如工作的特殊要求需要调节时,请按下述方法进行。

（1）拆下油泵排油口的油管,用设备所带的堵头将油泵出油口封堵;拆下的油管也需做临时封闭处理。

（2）松开溢流阀的锁紧螺母,向外拧动调压杆(压力减小)。

（3）启动电动机,向内转动调压杆(压力升高),观察压力表的压力变化,达到说明书的规定值或所需的压力后拧紧锁紧螺母,盖上安全帽,拆下堵头,接好油管。如果用户必须调高压力,则最大压力不得超过额定压力的 1.1 倍,且在此压力下连续工作时间不超过 5 min。

2. 更换液压油

用户应首选 46 号抗磨液压油,液压油的使用寿命最长为 3 000 h,更换液压油时应清洗滤油器及油箱,如滤油器变形及破裂必须更换。如需补充液压油,则必须与原型号相同。

3. 钻机的放置

钻机在非工作状态且平放时,支腿的各级缸筒必须处于缩回状态,避免活塞杆划伤和弯曲变形而造成各级活塞杆的伸缩困难。

（四）钻进中的安全措施

（1）电动机的旋转方向，必须与指示牌一致。

（2）钻机旋转时，不能用手或戴手套触摸旋转的钻杆，且两腿岔开，不允许单手操作。

（3）开孔时支腿不能伸出太快及使用大推力，否则会使钻杆变形折断或钻头破坏。

（4）钻机突然加载时，操纵臂会向某一方向摆动，操作者应保持正确的站位，以防扭伤。

（5）当顶板超高时，不允许在钻机的底部垫可以使触头滑动的衬木，应采用调整钻杆的长度或采用专用底座的方法实现。

（6）当马达或齿轮油泵壳体温度超过 85℃时应停止工作。

第三节　喷浆机的维护与故障处理

一、喷浆机的结构和工作原理

（一）结构

喷射机的结构见图 7-6。喷射机主要由驱动装置、转子总成、气路系统、压紧装置、喷射系统等部分组成。驱动装置主要由电机（20）和减速箱（13）构成；转子总成主要由转子体（5）、转子衬板（7）和料腔（6）等组成，转子衬板垂直于转子体轴线，安装在转子体上下两端，料腔安装在与转子体轴线平行且均匀分布在圆周上的 10 个料腔座孔内；气路系统由分气器（18）、压力表（14）、主气路截止阀（19）、上气路截止阀（21）、下气路截止阀（17）、振动器气路截止阀（23）、供水截止阀（26）等构成；夹紧装置（24）安装在面板与料斗座之间，用来给橡胶结合板（4）和转子衬板间的密封面施加正压力；喷射系统由输料软管（11）和喷头（15）等构成。

（二）机械工作原理

该设备工作原理为：搅拌好的干物料由配料搅拌机卸料口（或

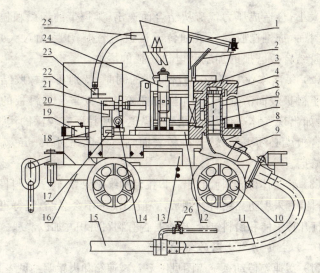

图 7-6　喷射机结构示意图

1——振动料斗；2——拨料器；3——料斗座；4——橡胶结合板；5——转子体；
6——料腔；7——转子衬板；8——出料弯头；9——旋流器；10——轨轮；11——输料软管；
12——面板；13——减速箱；14——压力表；15——喷头；16——机架；17——下气路截止阀；
18——分气器；19——主气路截止阀；20——电机；21——上气路截止阀；22——护罩；
23——振动器气路截止阀；24——夹紧装置；25——振动器；26——供水截止阀

人工拌料和上料)经过振动筛网供入喷射机振动料斗（1）中，由拨料器（2）拨动注入转子总成的料腔中，料腔随转子体旋转到出料口处，在这里从气路系统通入压缩空气，把物料吹入出料弯头（8），由旋流器（9）引入另一股压气，呈多头螺旋状态把物料吹散、加速，并使其旋转、浮游，进入输料软管（11），到达喷头（15）再添加适量补充水分后喷射到受喷面上。

二、喷浆机的维护保养

（一）橡胶结合板和转子衬板的维护和保养

（1）每班喷射前，要检查施加于橡胶结合板上的压紧力。压紧力太小,会造成压力气流从结合面逸出,其携带的细微颗粒物进入密封面,加剧橡胶结合板和转子衬板的磨损;压紧力过大,会造成橡胶结合板磨损的加剧和电机功耗的增加。

(2)每次作业完毕,在清洗机器的同时,特别要将橡胶结合板和转子衬板表面清洗干净,并检查橡胶结合板与转子衬板的磨损情况:如出现气体高低压区间无法隔离且密封面有较深的沟槽,橡胶结合板就必须更换;转子衬板表面划痕深度超过 1 mm 就需要重新修磨。

(3)转子体橡胶料腔和出料口锥套的维护保养:转子体料橡胶腔和出料锥套采用防黏结材料制成,一般情况下不会黏结,但每班结束后应打开转子体和出料锥套,检查是否有物料沉积并加以清理。

(二)主传动减速箱的维护保养

(1)减速箱传动系统简图见图 7-7,减速箱和齿轮明细见表 7-5。

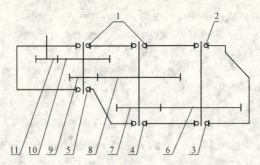

图 7-7　减速箱传动系统简图

表 7-5　　　　　　　　　减速箱和齿轮明细表

序号	名称	型号规格(内径×外径×宽度)	数量	备注
1	单列向心球轴承	210(50×90×20)	2	GB/T 276—1994
2	单列向心球轴承	116(80×125×22)	1	GB/T 276—1994
3	单列向心球轴承	215(75×160×37)	1	GB/T 276—1994

序号	名称	型号规格(内径×外径×宽度)	数量	备注
4	单列向心球轴承	312(60×130×31)	1	GB/T 276—1994
5	单列向心球轴承	310(50×110×27)	1	GB/T 276—1994
6	齿轮	M=5.5　Z=57	1	PZ—5B—03—11
7	轴齿轮	M=5.5　Z=15	1	PZ—5B—03—16
8	齿轮	M=4.5　Z=68	1	PZ—5B—03—06
9	轴齿轮	M=4.5　Z=5	1	PZ—5B—03—05
10	齿轮	M=3.5　Z=86	1	PZ—5B—03—03
11	轴齿轮	M=3.5　Z=17	1	PZ—5B—03—02

（2）每班工作后应及时清理表面黏附的拌合料等杂物。

（3）每班开机前观察减速箱内油位，不足时应及时补充。

（4）减速箱工作时，温升不得大于 60℃，不应有异常振动或噪音，否则应进行检查和维修。

（5）累计工作 250 h 更换一次润滑油。

（三）橡胶结合板、转子衬板和转子体的修复及更换

1. 橡胶结合板的车削和磨削

为了避免旧橡胶结合板在修复过程中变形，可用一个磁性夹紧盘或刚性固定盘把橡胶结合板装卡到车床上，使用硬质合金刀具把表面车削大约 2～3 mm 深，直到最深的创痕消失，然后用研磨装置或多孔砂轮转动磨削胶皮覆盖层 2～3 次。

钢插筋部分必须加工至低于橡胶结合板表面约 2 mm，如图 7-8所示。

2. 更换新橡胶结合板的方法

（1）卸掉压紧螺钉，用一把起子或扳手将旧橡胶结合板撬起；

（2）清理底板内外表面；

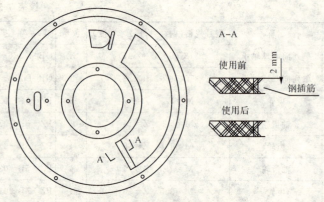

图 7-8　橡胶结合板结构图

（3）把新橡胶结合板按定位的方向放好上紧。

3. 转子衬板的修复

用凿子轻轻切入转子衬板与转子体的结合面使其分开，切勿用笨重的锤子或其他工具敲打，以免损坏特别硬脆的转子衬板；彻底清洗转子衬板与转子体的结合面；表面磨削转子衬板，直到伤痕消失。

往转子体上安装转子衬板时，应特别注意柱销应比转子衬板表面低 $2\sim3$ mm，否则必须修磨柱销，以免损伤橡胶结合板。

三、机器的故障处理

机器的故障处理见表 7-6。

表 7-6　　　　　　　　　　机器的故障处理

故障状态	原因分析	排除方法
电机不运转	电路故障	请电工检查处理
电机旋转，转子不转动	减速箱齿轮损坏	检修减速箱
	转子体的方轴孔损坏	更换转子体
转子不按箭头所示方向转动	电源相位接错	电源调相

故障状态	原因分析	排除方法
橡胶结合板与转子之间漏气	压紧装置太松	检查压紧装置,在压紧之前清除橡胶结合板与转子衬板之间的物料
	转子衬板擦伤	检查转子衬板,若已有沟槽,必要时重新研磨或更换
	橡胶结合板磨坏	检查橡胶结合板,严重磨损时修复或者更换新板
转子体、出料弯头或输料管堵塞	骨料粒径过大	发生堵塞,应停止机器转动,关闭气路阀门,从旋流器上拆下输料管后(注意:在拆开管路之前要使输料管中的压力降到0),再打开气路阀门,把转子体料腔内的存料吹出去,然后检查输料管,用木棒敲击堵塞部位,振松或掏空堵塞物;最后把输料管再接到弯头上,用压气吹出。如果输送距离超过40 m,应分别处理每20 m长的管路
	拌合料的含水量过大	停止机器转动,关闭气路阀门,如果出料弯头堵塞,应拆开管路,清理弯头和转子体料腔等,减少拌合料水灰比。
转子、出料弯头或输料管堵塞	输送气流流量太小	停止机器转动,关闭气路阀门,如果转子体料腔阻塞,应拆开进气管和打开料斗座,卸下转子,用刷子清理转子体料腔等,加大气流流量
	进气管断面太小,空压机供气量小	更换大断面气管,换大容量空压机
	气路阀门损坏	更换阀门
	由于物料粘接,使转子体料腔或出料弯头的口径减小	参见堵塞部分
	输送压力太低,气量过小	检查供气量、气压
输送管振动厉害	输送管积料	关闭主电机电源,待震动消除后再恢复正常作业
料流与水混合得不充分	水压太低	检查水压(喷头处至少0.3 MPa)
	喷头水环的进水孔堵塞	检查喷头并清理,必要时装上水过滤器

续表 7-6

故障状态	原因分析	排除方法
喷头处粉尘太大	加水太少	增大喷头加水量
喷头处滴浆	加水太多	减少喷头加水量
回弹太大	材料级配不适当	检查材料级配,必要时调整
	喷头到受喷面的喷射距离太近	增大喷距至大约 0.8 m
	喷头到受喷面的喷射距离太远	减少喷距至大约 1 m
	射流方向未与受喷面垂直(90°)	改正喷射角度

四、安装和拆除喷射管路、排除堵管故障

(一)安装和拆除喷射管路

安装输料管路要平直,不得有急弯,接头必须严紧,不得漏风,严禁将非抗静电的塑料管做输料管使用。

(二)造成喷射管路堵塞的原因

(1)混凝土中碎石粒度过大,卡在出料口或输料管和喷头出口处或弯管处;

(2)混合料中水分过大,使水泥黏结在出口处和输料管内壁造成堵管;

(3)输料管接头不齐,输料管产生弯曲处,易堵管;

(4)输料管中间有漏风处;

(5)操作失误,风压掌握不准。

(三)堵管的处理

(1)堵管时应尽可能敲击疏通,如用铁锤敲打输料管,发出生闷声,可能是堵处,给风再敲打疏通。

(2)长距离输料时,尽量采用高压胶管接两端的铁管,套进去以后,用铁丝绑扎,这样处理堵管方便,最好不采用法兰盘连接,处理堵管时比较费时间。

复习思考题

1. 风动锚杆钻机的操作要求是什么？
2. 风动锚杆钻机的维护与保养方法有哪些？
3. 液压锚杆钻机在钻进中的安全措施有哪些？
4. 锚喷支护作用原理是什么？
5. 喷浆机的结构有哪些？
6. 喷浆机的故障处理方法有哪些？
7. 喷射混凝土工艺中对喷层厚度的要求是什么？
8. 喷射混凝土材料的质量要求有哪些？
9. 简述喷射混凝土施工工艺流程？
10. 喷射混凝土质量保证项目有哪些？允许偏差项目有哪些？
11. 如何安装和拆除喷射管路？如何排除堵管故障？

第八章 锚喷工中级工相关知识

第一节 通风知识

一、局部通风方法

（一）局部通风机通风

在矿井建设和生产中,要开掘大量的井巷,掘进中的井巷一般只有一个出口,故必须采用导风设施(如风筒、挡风墙、风障等),利用局部通风机或矿井主要通风机提供的风量,将新鲜空气送到掘进工作面,同时将污风排出,这种通风称为局部通风(又称掘进通风)。

局部通风有矿井全风压通风、局部通风机通风和引射器通风3种方法。

矿井全风压通风是利用矿井主要通风机及自然风压,借助导风设施对掘进巷道通风的方法。

引射器通风是利用压气或压力水通过喷嘴产生射流,造成负压而吸入风量,使空气流动来进行通风的方法。由于不使用电力,故较为安全,适用于瓦斯、煤尘大的工作面。

局部通风机通风是利用局部通风机作动力,通过风筒导风的通风方法。它是目前局部通风的主要方法。局部通风机的常用通风方式有压入式、抽出式和混合式。

1. 压入式

压入式通风布置如图 8-1 所示,局部通风机及其辅助装置安

装在离掘进巷道口 10 m
以外的进风侧,将新鲜风
流经风筒输送到掘进工作
面,污风沿掘进巷道排出。

2. 抽出式

抽出式通风布置如图
8-2 所示。局部通风机安
装在离掘进巷道 10 m 以

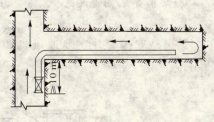

图 8-1 压入式通风

外的回风侧,新鲜风流沿
巷道流入,污风通过风筒
由局部通风机抽出。

3. 混合式

混合式通风如图 8-3
所示。它是压入式和抽出
式两种通风方式的联合运

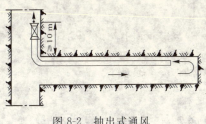

图 8-2 抽出式通风

用,兼有压入式和抽出式
两者的优点,其中压入式
向工作面供新风,抽出式
从工作面排出污风。

二、各种通风设施的作用

因为生产的需要,井
下巷道纵横交错,彼此连
通,为了保证风流按照规
定的路线流动,就必须在

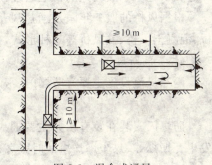

图 8-3 混合式通风

某些巷道内建筑相应的通风构筑物(通风设施),对风流的路线进
行控制。通风设施分为两大类,即引导风流的设施和隔断风流的
设施。

（一）引导风流的设施

1. 风硐

风硐是连接矿井主要通风机和风井的一段巷道，如图 8-4
所示。

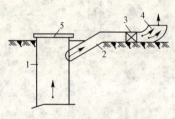

图 8-4　风硐示意图

1——立井;2——风硐;3——风机;

4——风流方向;5——防爆门

2. 风桥

风桥是将两股平面交叉的新风、乏风流隔断成立体交叉的一
种通风设施。一般乏风从桥上通过,新风从桥下通过。

根据风桥的服务年限及通过风量的大小,风桥又有绕道式风
桥、混凝土风桥、铁风桥等三种形式,如图 8-5 所示。

（二）隔断风流设施

隔断风流设施主要有防爆门、密闭墙和风门 3 种。

1. 防爆门

防爆门安装在装有矿井主要通风机的井筒口处,目的是防止
发生瓦斯爆炸、煤尘爆炸事故时毁坏矿井主要通风机。

2. 密闭墙

在不允许风流通过,也不许行人、通车的巷道中,必须设置密
闭墙,又称挡风墙。密闭墙按结构和服务年限的不同,可以分为临
时密闭和永久密闭两大类。

临时密闭墙一般是在立柱上钉木板,在木板上抹上黄泥或白

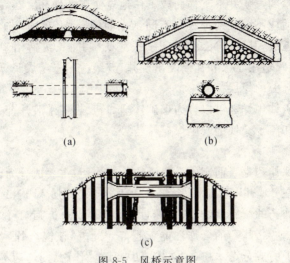

图 8-5 风桥示意图

(a) 绕道式风桥；(b) 混凝土风桥；(c) 铁风桥

灰,服务年限一般在 2 年以内。永久性密闭墙通常采用砖、石、水泥等构筑,巷道压力大时,宜采用混凝土构筑,服务年限一般在 2 年以上。

3. 风门

在不允许风流通过,但需要行人、通车的巷道内,必须设置风门。按其构筑材料的不同,风门可分为木风门、金属风门、混凝土风门 3 种;按其结构不同,风门又可分为撞杆式风门、水压式风门、气动式风门和电动式风门 4 种。

第二节 爆 破 知 识

一、爆破材料性能及使用知识

(一)煤矿许用炸药

煤矿许用炸药又称煤矿安全炸药,是指允许在有瓦斯或煤尘爆炸危险的煤矿井下工作面或工作地点使用的炸药。

为适应不同瓦斯等级和不同工作面的需要,我国煤矿许用炸药分为五级,其中一、二级适用于低瓦斯矿井,三级适用于高瓦斯矿井,四级适用于煤和瓦斯突出矿井,五级适用于溜煤眼爆破和过石门揭开突出煤层。

煤矿许用炸药可以分为煤矿铵梯炸药、煤矿水胶炸药、煤矿乳化炸药和离子交换型安全煤矿炸药等。

1. 铵梯炸药

铵梯炸药是目前应用最广泛的工业炸药,主要成分为硝酸铵,含量约在60%以上,TNT含量一般不到20%,加入TNT的作用是提高炸药的敏感度,改善传爆性能,增加威力。TNT作为敏化剂,含量越高,炸药的爆炸性能就越好。此外,该混合炸药中一个不可缺少的成分是木粉,它在炸药中起疏松作用,使炸药不易结成硬块,并平衡硝酸铵中多余的氧。另外,抗水型炸药还加入少量的防水剂,如石蜡、沥青等。食盐作为消焰剂,主要用来吸收热量,降低爆温,防止瓦斯爆炸。煤矿铵梯炸药中,以不同配比添加食盐,就成为不同安全等级的煤矿铵梯炸药。但食盐易受潮,有惰性,影响炸药的爆轰感度和爆轰稳定性,用量不宜过多。

铵梯炸药的使用保证期为4~6个月,失效的炸药禁止使用。

2. 水胶炸药

水胶炸药是由氧化剂(硝酸铵为主)的水溶液、敏化剂(硝酸甲胺、铝粉等)和胶凝剂等基本成分组成的含水炸药。由于采用了化学交联技术,故呈凝胶状态。它具有威力高、安全性好、抗水性强、价格低廉等优点,可用于井下小直径炮眼的爆破,尤其适用于井下有水而且坚硬岩石的爆破。煤矿水胶炸药中加入食盐、大理石粉、氟化钙、氯化钾等消焰剂,可用于有瓦斯煤尘爆炸危险的工作面。水胶炸药的使用保证期为1年。

3. 乳化炸药

乳化炸药也称乳胶炸药,是在水胶炸药的基础上发展起来的一种新型抗水炸药。它由氧化剂水溶液、燃料油、乳化剂、稳定剂、敏化发泡剂、高热剂等成分组成,使用保证期为 4 个月。

乳化炸药具有起爆敏感度高、爆速高、猛度高、抗水性强等优点。乳化炸药的缺点是威力较低。

根据瓦斯的安全性,煤矿乳化炸药分为五级,目前生产的主要有二、三、四级 3 种。

4. 离子交换型炸药

离子交换型煤矿炸药的安全度是现有煤矿许用炸药中最高的品种,它具有较好的储存安定性,间隙效应小,低温 $-20℃$ 时不会冻结,可用于煤和瓦斯突出矿井。根据使用的气温条件,应在不低于 $-20℃$ 下使用。当炸药冻结或半冻结后,感度高,使用时要特别注意,尤其要注意不要和酸、碱、油脂类杂物接触。

(二)煤矿许用电雷管的结构及种类

1. 电雷管的结构

电雷管主要由管壳、加强帽、电雷管装药、引火装置和延期装置组成。

(1)管壳。管壳的作用是使雷管装药免受外界的能量作用和温度影响,使炸药爆轰成长迅速,提高爆速。常用的管壳有铜壳、纸壳。过去多为铜壳,因铜材来源少,后多改为纸壳,但纸壳耐压强度不够,易吸潮,受潮后容易拒爆,现又改为覆铜管。

管壳要求有足够的强度,国家标准规定,铜铁管壳壁厚不应小于 0.2 mm,纸管壳壁厚不应小于 0.9 mm。

(2)加强帽。加强帽是紧扣在起爆药上的金属或其他材料的小管。管底中心有一传火孔。加强帽可以增加电雷管的强度,抗外界冲击、防止漏药并阻止起爆药点火时气体漏掉以加快起爆药的爆轰传播速度,使起爆药迅速由燃烧转为爆轰。

（3）电雷管装药。电雷管装药是决定电雷管性能的基本部件。电雷管装入正、副两种起爆药，正起爆药有一定感度，先起爆可以保证雷管起爆的准确性，又能使副起爆药（钝感猛炸药）安全地起爆，从而使雷管有足够的起爆能力。副起爆药多采用猛炸药黑索金，装入电雷管底部；上部装入正起爆药，多采用敏感的硝基重氮酚（DDNP）。

（4）引火装置。引火装置是接收外界能量并传递给雷管装药的点火元件。电雷管的引火装置是利用电流通过电桥丝或药剂，将电能转变为热能作用于引火药剂，使引火药发火燃烧，将热能再传递给起爆药或延期药，引燃雷管爆炸。

引火装置要求作用准确，感度适宜，点火能力强，火焰温度达到起爆药和延期药的爆发点。电引火装置有直插式和药头式两种。

（5）延期装置。爆破作业中，多要求药包按一定顺序经过一定时间间隔进行爆炸。为此，将延期装置（一些氧化剂与可燃剂的混合物）置于引火装置和起爆药之间，在规定的延期时间燃烧完后，才使电雷管爆炸。

2. 煤矿许用电雷管的种类

煤矿许用电雷管有煤矿许用瞬发电雷管和煤矿许用毫秒延期电雷管两种。

（1）瞬发电雷管。通入足够的电流，能在瞬间立即起爆的电雷管为瞬发电雷管。

瞬发电雷管为直插式引火装置，引发过程是由电流通过桥丝产生电阻热，瞬间点燃并起爆正起爆药，继而引爆副起爆药。正起爆药一经点燃后，即使电流中断也能爆炸。

瞬发电雷管可分为普通型和煤矿许用型两种。普通型瞬发电雷管可用于无瓦斯工作面，煤矿许用型瞬发电雷管可用于高瓦斯矿井或有瓦斯煤尘爆炸危险的采掘工作面，以及有煤与瓦斯突出的采掘工作面。

　　煤矿许用型瞬发电雷管与普通瞬发电雷管结构基本相同。它之所以具有瓦斯安全性，主要是在副起爆药（猛炸药）中加入一定量的消焰剂。消焰剂通常采用氯化钾，可以起到降低爆温、消焰和隔离瓦斯与爆炸火焰接触的作用，从而有效的预防瓦斯爆炸。

　　（2）毫秒延期电雷管。通入足够电流，以若干毫秒间隔时间延期爆炸的电雷管为毫秒延期电雷管，简称毫秒电雷管。

　　毫秒延期电雷管分为普通型和煤矿许用型两种。其各段延期时间及脚线颜色见表8-1。

表 8-1　　　毫秒延期电雷管各段延期时间及脚线颜色

类型	段别	延期时间/ms		脚线颜色	类型	段别	延期时间/ms	脚线颜色
煤矿许用型	1	13		灰红	普通型	11	460±50	用数字牌区分
	2	25±10		灰黄		12	550±45	用数字牌区分
	3	50±10		灰蓝		13	650±50	用数字牌区分
	4	75	+15 −20	灰白		14	760±55	用数字牌区分
								用数字牌区分
	5	100±15		绿红		15	880±60	用数字牌区分
普通型	6	150±20		绿黄		16	1020±70	用数字牌区分
	7	200±20		绿白		17	1200±90	用数字牌区分
	8	250±25		黑红		18	1400±100	用数字牌区分
	9	310±30		黑黄		19	1700±130	用数字牌区分
	10	350±35		黑白		20	2000±150	用数字牌区分

　　普通型毫秒电雷管由于金属管壳、加强帽、聚乙烯绝缘脚线包皮等在雷管爆炸时产生灼热碎片和残渣，延期药燃烧时喷出高温颗粒残渣；副起爆药爆炸时产生高温火焰等原因，仍有爆炸的可能性。煤矿许用型毫秒电雷管经过改进，除在猛炸药中加入消焰剂外，还将延期药装入铅延期体的五个细管中，并加厚管壁，使上述

不安全因素得到有效的解决。

普通型毫秒电雷管可用于无瓦斯的工作面。煤矿许用型毫秒电雷管可用于有瓦斯或煤尘爆炸危险的采掘工作面、高瓦斯矿井或煤与瓦斯突出矿井。使用煤矿许用毫秒电雷管时,最后一段的延期时间不得超过 130 ms(即 1~5 段)。

由于毫秒电雷管适用条件广,爆破安全,工序少,时间短,适用于掘进巷道全断面一次起爆和炮采工作面一次爆破,在煤矿井下已得到广泛应用。

二、爆破知识

(一) 炸药的燃烧和爆轰

炸药在常温常压下也会慢慢分解,这种缓慢分解反应是在整个物质内部展开,与一般的化学反应无异。但在外界能量激发下,炸药的化学变化过程则有燃烧和爆轰(稳定的爆炸)两种形式。

燃烧、爆轰和一般缓慢分解不同,它们不是在全部物质内同时展开,而是在局部区域(称为反应区)进行,并在物质内自动传播。

燃烧与爆轰是截然不同的两种化学变化过程,它们的主要区别在于:燃烧是靠热传导来传递能量和激发化学反应,而爆轰则靠压缩冲击波的作用传递能量和激发化学反应;燃烧速度通常约为每秒数十毫米到每秒数米,最大也只有每秒数百米,常低于炸药内的声速(可达 2 000~9 000 m/s);燃烧过程的传播易受外界条件影响,爆轰过程的传播基本上不受外界条件的影响;燃烧产物的运动方向与反应区的传播方向相反,故产生的压力较低,而爆轰产物的运动方向与反应区的传播方向相同,故产生的压力可达数千至数万兆帕。

炸药的上述三种化学变化形式,在一定条件下,是能够相互转化的。

(二) 炮泥

炮泥是用来封堵炮眼的。炮泥质量的好坏和封泥长度,直接影响爆破效果和安全。煤矿井下常用的炮泥有两种,一种是水炮泥,一种是黏土炮泥。

黏土炮泥能够阻止爆生气体自炮眼逸出,使其在炮眼内积聚压缩能,增加炸药的爆破作用;同时也有利于炸药在爆炸反应中充分氧化,使之放出更多的热量,减少有害气体的生成量,改善炸药的爆破效果;再者,由于炮泥能够阻止爆炸火焰和灼热固体颗粒从炮眼内喷出,故不易引起瓦斯和煤尘爆炸,有利于爆破安全。

水炮泥不但具有固体炮泥的作用,而且破裂后在灼热爆炸产物的作用下会形成一层水幕,并进行蒸发从而吸收大量的热,这样,爆炸产物在即将进入矿井大气时受到冷却,使爆炸火焰迅速熄灭,从而减少了引爆瓦斯、煤尘的可能性,有利于安全。此外,水炮泥所形成的水幕还具有降尘和吸收炮烟中有毒有害气体的作用,有利于改善劳动条件。

《煤矿安全规程》规定:炮眼封泥应用水炮泥,水炮泥外剩余的炮眼部分,应用黏土炮泥或用不燃性的、可塑性松散材料制成的炮泥封实。

炮眼深度和炮眼的封泥长度应符合《煤矿安全规程》规定。

(三)爆破工具

1. 发爆器

目前井下使用的发爆器主要是电容式发爆器。电容式发爆器部件小,结构严密,但由于井下条件和环境所限,往往因使用、检查、保管和维护不当而造成部件损坏,改变或失去起爆和防爆能力,影响安全使用;发爆器必须由爆破工妥善保管,上下井随身携带,班班升井检查。在井下要挂在支架上或放在木箱里,不要放在潮湿或淋水地点,以免受潮。

发爆器发生故障,应及时送到井上由专人修理,不得在井下拆开修理,更不得撞击、敲打。严禁将两个接线柱连线短路,打火花检查有无残余电荷和用发爆器检查母线是否导通,因为这样不仅容易击穿电容及其他元件,更容易引起瓦斯爆炸。

2. 爆破母线和连接线

爆破母线和连接线应符合下列要求:

(1) 煤矿井下爆破母线必须符合标准。

(2) 爆破母线和连接线、电雷管脚线和连接线、脚线和脚线之间的接头必须相互扭紧并悬挂,不得与轨道、金属管、金属网、钢丝绳、刮板输送机等导电体相接触。

(3) 巷道掘进时,爆破母线应随用随挂。不得使用固定爆破母线,特殊情况下,在采取安全措施后,可不受此限。

(4) 爆破母线与电缆、电线、信号线应分别挂在巷道的两侧。如果必须挂在同一侧,爆破母线必须挂在电缆的下方,并应保持0.3 m 以上的距离。

(5) 只准采用绝缘母线单回路爆破,严禁用轨道、金属管、金属网、水或大地等当做回路。

(6) 爆破前,爆破母线必须扭结成短路。

(7) 爆破母线要有足够的长度,且接头不宜过多,以免发生增加电阻、断线、漏电或短路等故障。

(8) 不得用两根性质、规格不同的导线作母线。

3. 掘进工作面爆破连线方式

(1) 串联法:如图 8-6(a)所示。

(2) 并联法:如图 8-6(b)所示,把所有雷管脚线分别集中为两组,再与母线连接。

(3) 串并联:如图 8-6(c)所示。

(4) 混合联:如图 8-6(d)所示。

4. 掏勺和炮棍

掏勺是用来掏出炮眼里的煤粉或岩粉的工具,是一根直径为8~10 mm 的圆铁棍,它上边焊有弯曲的勺耳,使用时勺耳朝里,往复拉动,向外排除粉屑,可用于各种机械钻凿的炮眼。在使用风

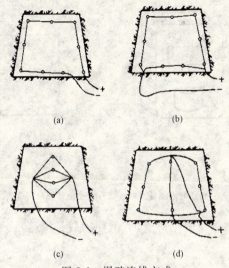

图 8-6　爆破连线方式

（a）串联；（b）并联；（c）串并联；（d）混合联

动凿岩机的工作面,也可采用弯成 90°的细钢管,作为吹眼器。使用时将弯管插入炮眼,通入压风将眼内煤粉或岩粉及积水吹出孔外,操作人员手握弯管的一端,站在炮眼口的侧面。其他人员也必须避开沿炮眼吹出的风流方向,以免打伤人员。

5. 导通表

导通表是专门用来测量电雷管、爆破母线或电爆网路是否导通的仪表。常用光电导通表如图 8-7 所示。

光电导通表内部电源为硒光电池或硅光电池,在矿灯或其他光线照射下,最高可产生 0.5 V 电压,无光线照射时,不产生电压。

使用时,先用矿灯照射电池,同时使被测物件的两端分别与导通表的两个金属片相碰,回路接通,检流表指针转动,表明被测物件导通,无断路;若指针不动表明被测物件不导通,有断路。光电导通表结构简单,体积小,操作方便,导通电流只有几十微安,可确

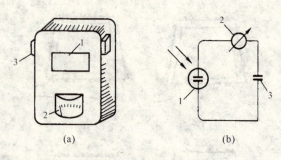

图 8-7 光电导通表

（a）外貌；（b）线路示意图

1——硒光电池或硅光电池；2——检流计；3——金属片

保电雷管导通测量的绝对安全,但使用后必须避光保存,以免浪费电池。

复习思考题

1. 什么是局部通风？

2. 局部通风有哪几种形式？

3. 通风设施有哪些？各有什么作用？

4. 我国煤矿许用炸药分为几级？各适用于什么条件？

5. 煤矿许用电雷管的种类有哪些？各适用于什么条件？

6. 掘进工作面爆破连线方式有哪几种？

7.《煤矿安全规程》对炮眼深度和炮眼的封泥长度有哪些要求？

第九章　锚喷工中级工技能鉴定要求

第一节　基本操作

一、钻眼技术

1. 准备工作

(1) 打眼前必须全面检查顶板,将活矸处理掉,并用手镐刷齐迎头;

(2) 按中、腰线根据光爆图表在迎头画出眼位,做好标记;

(3) 预量钎长,在钎杆上做好标记,以便掌握打眼深度;

(4) 巷道高度较大时,要预先搭好工作台;

(5) 必须使用前探支架。

2. 打眼工作

(1) 多台风钻同时施工时,要做到分区打眼,不得交叉打眼。领钎工点完眼后,要及时退回,防止断钎伤人;

(2) 每台凿岩机首先按中、腰线的要求在迎头打第一个眼,其他眼依此眼方向为准进行作业,做到眼位、方向、深度符合爆破图规定;

(3) 当周边眼遇有软夹层、煤层或节理发育的部位,可按补充措施适当加密炮眼,减少装药量;

(4) 当周边眼布置在设计断面轮廓线上时,炮眼角度向巷道外侧的偏斜值,不应超过作业规程规定。

3. 打锚杆眼

(1) 打眼前要敲帮问顶,找掉危石,发现顶板不好,必须支设护身点柱,然后再打锚杆眼。

(2) 根据设计要求,检查巷道规格,然后再定眼位,并作出标记。

(3) 锚杆眼的方向与岩层面或主要裂隙面要成较大角布置,如果岩层层面与裂隙面不明显时,应与巷道周边尽量垂直布置,高度不大的巷道,其顶部锚杆眼要使用套钎(短、中、长)的方法打眼。

(4) 锚杆眼的直径、深度、间距、排距及布置形式必须按作业规程规定施工。

(5) 要用压风将眼内岩粉和积水吹干净。

二、测量工具准确检查井巷工程质量

(一) 尺子

尺子一般有钢尺和皮尺两种。会用尺子检查巷道的宽度、高度,检查锚杆、锚索的间排距和架设棚子的宽度、高度、下宽(下扎)等。

(二) 小线

小线是行业的通俗叫法,小线是拉中心线、腰线的必要工具。利用它在外力作用下可以化成一条直线,在施工巷道中用来延设中心线、腰线。

(三) 坡度规

坡度规俗称半圆,是测量巷道腰线的简单工具。

三、绑扎钢筋和金属网及架设金属拱形支架

通常在作业规程中对金属网绑扎都有明确的规定,一般情况下,用 12 号铁丝把钢网与钢网搭接处连接在一起,要求扎点间隔 $200\sim300$ mm。

架设拱形支架时,要注意支架的间距、梁与腿的搭接长度、卡缆的间距、迎山量以及支架的下宽(下扎)等。这些都应在作业规

程中明确规定。

四、喷射混凝土技术

（一）配、拌料

（1）利用筛子、料斗检查粗细骨料配比是否符合要求。

（2）检查骨料含水率是否合格。

（3）按设计配比把水泥和骨料送入拌料机，上料要均匀。

（4）检查拌好的潮料含水率，要求能用手握成团，松开手似散非散，吹无烟。

（5）必须按作业规程规定的掺入量在喷射机上料口均匀加入速凝剂。

（二）喷射

（1）开风，调整水量、风量，保持风压不得低于 0.4 MPa。

（2）喷射手操作喷头，自上而下冲洗岩面。

（3）送电，开喷浆机、拌料机，上料喷射混凝土。

（4）根据上料情况再次调整风、水量，保证喷面无干斑、无流淌。

（5）喷射手分段按自下而上、先墙后拱的顺序进行喷射。

（6）喷射时喷头尽可能垂直受喷面，夹角不得小于 70°。

（7）喷头距受喷面保持 0.6 ～1 m。

（8）喷射时，喷头运行轨迹应呈螺旋形，按直径 200～300 mm 一圆压半圆的方法均匀缓慢移动。

（9）应配两人，一人持喷头喷射，一人辅助照明并负责联络，观察顶帮安全和喷射质量。

（三）停机

喷射混凝土结束时，按先停料、后停水、再停电、最后关风的顺序操作。

（1）喷射工作结束后，卸开喷头，清理水环和喷射机内外部的灰浆或材料，盘好风水管。

（2）清理、收集回弹物,并将当班拌料用净或用作浇筑水沟的骨料。

（3）喷射混凝土 2 h 后开始洒水养护,28 d 后取芯检测强度。

（4）每班喷完浆后,将控制开关手把置于零位,并闭锁,拆开喷浆机清理内外卫生,做好交接班准备工作。

（四）喷射混凝土注意事项

（1）喷射混凝土前全部设备必须进行动力和压风空转试验。

（2）作业开始时,喷射机应先给风,再开电动机,然后给水,最后给料;结束时先停料,待料用完后停电动机,最后关闭风、水阀门,并将喷射机斗加盖,防护好。

（3）向喷射机中加料,要过筛,要保持连续和均匀。机械正常运转时,料斗内要保持足够的存料。

（4）对喷射混凝土的要求。

① 水泥:标号一般不低于 400,过期、受潮、结块的水泥或混凝土不准使用。

② 骨料:细骨料可用中沙或粗沙过筛后装入干净的矿车,细骨料要加水浸湿;粗骨料一般采用粒径为 5～10 mm 的石子,筛洗后装入干净的矿车。

③ 水要干净,无杂物,不允许使用污水、酸性水。

④ 速凝剂要按出厂说明书和水泥性质配合使用,掺量一般为水泥重量的 2.4%～5%;要求在 3～5 min 内初凝,10 min 内终凝;速凝剂的存放要保持干燥,不得破包,以防受潮。

⑤ 用散装水泥时,应先堵严矿车的小孔,然后把水泥装入干净的矿车。

⑥ 迎头都要设专门的卸料场。加水的沙子和石子要先卸到料场,凉 10 h 以上方可使用。

⑦ 拌料时,应先把潮湿的沙子和石子按比例混合搅拌一次,并摊开,再把水泥按比例扣锨（严禁用锨扬水泥）掺到湿料堆上,边

和水泥边拌和。加水泥后的拌和不得少于两遍。

⑧ 拌好的潮料含水量在 8%～10% 为宜,用手一攥成团,松手似散非散,吹无烟。

⑨ 随拌料随喷,拌好的潮料不得放 2 h 以上。

(5) 对喷射工艺的要求。

① 喷射口至喷射面尽量保持垂直。如遇裂隙低凹处时,应先喷填补平,然后再进行正常喷射。

② 喷射口至喷射面的距离不大于 1 m。

③ 喷头一般要按螺旋形轨迹运行,螺旋圈直径为 300 mm,一圈压半圈,均匀缓慢移动。

④ 在喷射前,应划分区段,按顺序进行。

(6) 在喷射作业中,如发生堵管或突然停风、停电时,应立即关闭喷头水阀,将喷头向下放置,以防水倒流至输料管中。

(7) 喷射混凝土中要严格控制水灰比,如果发现混凝土表面干燥、松散、下坠、滑移和裂纹时,应及时进行清除和补喷。

(8) 当混凝土喷射厚度大于 100 mm 时,应采取分层喷射并遵守下列规定:

① 混凝土一次的喷射厚度:墙为 7～100 mm,拱为 35～50 mm。

② 第二次喷射应在第一次喷射的混凝土终凝后进行。若间隔时间超过 2 h,应先喷水湿润混凝土表面,确保混凝土层间的良好接触。

(9) 加金属网或钢筋喷射混凝土作业时,要遵守下列规定:

① 金属网要随巷道轮廓铺设,并与岩石保持不少于 30 mm 的间隙。

② 金属网的网格,一般不少于 100×100 mm,金属网的钢筋直径一般为 4～8 mm。

③ 金属网与锚杆要连接绑扎牢固。

④ 喷射作业中,如果发现脱落的混凝土被金属网架住时,应

及时清除进行补喷。

⑤ 金属网如果被放炮打乱,应整理好后再喷混凝土。

(10) 必须按作业规程对已喷完的巷道认真进行洒水养护。按照质量验收标准规定做喷射混凝土(喷浆)试块(200 mm×200 mm×200 mm),测试喷体强度必须达到设计强度以上。

(11) 喷射作业中发现堵管时,采取敲击法输运料。如用高压风吹时,其压风不准超过 0.4 MPa,同时要放直输料管,按住喷头,喷头前方严禁站人。正常作业时喷头不准对人。如果喷浆机发生故障,严禁带电处理,送电前要与有关人员联系好。

(12) 采用锚喷处理失修的巷道时,必须先将浮矸、碎石清理干净,见到围岩的新鲜茬面时方可打锚杆及喷射混凝土。

五、处理片帮冒顶

(一) 片帮处理

1. 木垛法

当棚腿挤断,岩壁片帮,片帮暂时停止下来时,可用木垛法处理片帮。首先在靠片帮一侧的顶梁下打上一根顶柱顶梁,然后撤腿,拆帮清矸,换新柱腿,用木料架木垛到冒落的帮、顶,再用背板、竹笆背好后,撤去顶柱。

施工时应注意稍有冒顶处的顶板维护,防止片帮扩大造成冒顶。顶柱应落在实底上打牢,几根顶柱应连为一体,防止下沉及不小心碰倒,造成冒顶或砸伤人员(如图 9-1 所示)。

2. 撞楔法

当巷道一侧片帮很严重,撤掉压坏柱腿时,煤岩会流出,并且继续扩大,可用撞楔法处理。在片帮地点选择完好的柱腿,打上斜撞楔,撞楔长 1.2~1.5 m。在撞楔掩护下,挖柱窝,打顶柱,换好新柱腿,支架顶帮要背严。依次向前,直到全部修好片帮区,最后清出煤矸,撤顶柱(如图 9-2 所示)。

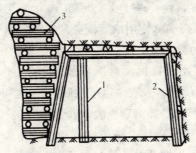

图 9-1 木垛法处理片帮示意图

1——顶柱；2——支架；3——木垛

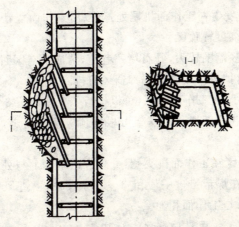

图 9-2 撞楔法处理片帮示意图

（二）冒顶处理

当发生冒顶时，应首先抢救被困人员，然后采取措施恢复生产。处理的方法应根据冒顶岩层冒落的高度、冒落岩石的块度、冒顶的位置和冒顶影响范围的大小来决定；同时，还要根据煤层厚度、采煤方法等采取相应的措施。

1. 局部小冒顶的处理方法

一般是采取掏梁窝使用单腿棚或悬挂金属顶梁处理。

2. 大冒顶的处理方法

(1) 整巷法处理冒顶。对影响范围不大,冒顶区不超过 15 m,垮下来的矸石不大,采取一定措施以后,人工可以搬动的,可以采取整巷法处理冒顶,即采取恢复工作面的方法。

(2) 开补巷绕冒顶区。一般在冒顶影响范围较大,不宜用整巷方法处理时,可采取开补巷绕过冒顶区的方法,也称为部分重掘开切眼和重掘开切眼的方法。根据冒顶区在工作面所处位置的不同,有以下三种情况:

① 冒顶发生在工作面机尾处:可以沿工作面煤帮从回风巷重开一条补巷绕过冒顶区。

若冒顶区范围较大,矸石堵塞巷道,造成采空区回风角瓦斯积存,可用临时挡风帘或临时局部通风机排除。

② 冒顶区在工作面中部:可以平行于工作面留 3～5 m 煤柱,重开一条切巷。新切巷的支架可根据顶板情况而定,一般使用一梁二柱棚。

③ 冒顶区在工作面机头侧:处理方法基本上与处理机尾侧冒顶区相同即在煤帮错过一段留 3～5 m 煤柱,由进风侧向工作面打一条补巷,与工作面相通。

3. 掘进工作面冒顶事故的处理

在处理垮落巷道之前,应采用加补棚子和架挑棚的方法,对冒顶处附近的巷道加强维护。在维护巷道的同时,要派专人观察顶板,以防扩大冒顶范围。处理垮落巷道的方法有木垛法、搭凉棚法、撞楔法、打绕道法 4 种。

(1) 木垛法。木垛法是处理垮落巷道较常用的方法,一般分为"井"字木垛和"井"字木垛与小棚相结合的两种处理力法。

(2) 搭凉棚法。冒顶处冒落的拱高度不超过 1 m,且顶板岩石不继续冒落,冒顶长度又不大时,可以用 5～8 根长料搭在冒落两头完好的支架上,这就是搭凉棚法。然后,在"凉棚"这个遮盖物的掩护下进行出矸、架棚等各项工序。架完棚以后,再在凉棚上用材料把顶板接实。这种方法在高瓦斯矿井不宜使用。

（3）打绕道法。当冒顶巷道长度较小,不易处理,并且造成堵人的严重情况时,为了想办法给被困人员输送新鲜空气、食物和饮料,迅速营救被困人员,可采取打绕道的方法,绕过冒落区进行抢救。

六、一次成巷

（一）一次成巷的定义

一次成巷就是一次把巷道做成。具体做法是:将巷道施工掘进、永久支护、掘砌水沟三项分部工程视为一个整体,在一定距离内,前后连贯地最大限度的同时施工。

（二）一次成巷施工应注意的问题

（1）在以掘砌方式进行的施工中,掘进方面以打眼和装岩为中心,砌碹方面以挖基础和砌碹为中心,尽量组织其他工序间的平行作业,可以充分利用时间和巷道空间,缩短各工序单行作业的时间。在实行掘、砌平行作业的工作面,要合理选定掘、砌之间的距离,使掘、砌间距保持在 30～40 m 以内。因为掘砌间距的加长,虽然便于掘砌工作的安排,减少掘、砌之间的干扰,但使临时支架的用量加大,顶板暴露时间过长,不易控制,作业安全性差。

（2）在以光面爆破掘进、锚喷永久支护方式进行的大断面一次成巷中,必须在爆破后立即打好拱部锚杆和超前锚杆,在局部破碎地段应适当加大锚杆的密度并铺设好金属网,适当缩短掘进和永久支护(喷射混凝土)的间距,保证工程质量和安全。水沟应与永久支护同时完成。

（3）巷道竣工后验收的主要内容是巷道的标高、坡度、方向、起点、终点和连接点的坐标位置,中线和腰线及其偏差值,水沟的坡度、断面,永久支护的规格质量等。巷道起点标高与设计规定误差值应控制在 100 mm 以内,施工中注意巷道底板的平整,局部凸凹度不超过设计规定 100 mm;巷道坡度符合设计规定,局部允许误差为±0.1‰。对于砌碹巷道的净宽,从中线至任何一帮的距离,主要运输巷道不得小于设计规定值,其他巷道不得小于设计规定30 mm,并均不应大于设计规定 50 mm;巷道净高要求为:腰线上下均不得小于设计规定 30 mm,也不应大于设计规定 50 mm。对于锚喷施工巷道,要求从中线至任一帮最凸出处的距离,主要运输巷的净宽不得小于设计规定,其他巷道的净宽不得小于设计规定50 mm,并均不得大于设计规定 150 mm;巷道的净高要求腰线上下均不得小于设计规定 30 mm,也不应大于设计规定 150 mm。喷射混凝土的厚度应达设计要求,局部的厚度也不得小于设计规定的 90%,锚杆端部和钢筋网均不得露出喷层表面。水沟的掘砌要和基础同时施工,水沟一侧的基础必须挖到水沟底以下。水沟深度和宽度允许偏差±30 mm;其上沿的高度允许偏差±20 mm。水沟的坡度要符合设计要求,其局部允许偏差±1%,并保证水流畅通。永久轨道应紧跟永久支护后铺设。

七、原始记录及经济核算

(一)原始记录的内容

(1)记录班组工程进度、工程部位、工作内容、工程形象、安全状况、施工质量。

(2)记录本班材料消耗,如火药、雷管、水泥、速凝剂、锚杆、沙、石等。

(3)记录本班隐蔽工程,如冒顶、片帮的高、宽、长度,岩石情况,涌水及地质构造等。

(二)隐蔽工程的记录内容

(1)井巷工程实际的施工情况:如大型基础工程的钢筋施工情况,工程中严重塌方、冒顶、片帮,井巷施工中出现的老巷、溶洞、重大地质构造(如断层、火成岩侵入等)情况,还有严重瓦斯涌出,煤突出造成的空洞,严重的地质破碎带,井巷工程的重要施工部位,以及其他认为需做的隐蔽工程的项目。

(2)井巷工程的隐蔽工程部位:如锚喷厚度、锚杆数量、砌碹厚度、壁厚充填、掘进片帮、冒顶等,一般随着工程进度,施工单位自行做好原始记录。

(三)经济核算

班组经济核算一般不设专职核算员,由现场生产工人兼任。核算工作一般都在业余时间进行。为了不影响工人的生产和休息,有的企业在班组内建立兼职核算机构,将核算工作分摊到人,设立几大员:材料核算员、考勤员、设备管理员、质量检查员等,各项指标分别由几大员进行核算。这样做,有利于把班组所有成员动员起来,对本班组的生产活动进行记录、计算分析和考核,做到事事有人管、人人有专责,形成一个人人参加核算、控制的网络。搞好班组核算,必须建立相应的规章制度,包括:材料、工具的领、退、保管制度;考勤和劳动组织制度;设备管理和维修制度;质量检验制度;成本控制制度;评比奖励制度等。为了便于执行上述各项制度,各班组可根据具体情况,制定各种实施细则和有关补充规定。

第二节　装载机械的操作技能

一、耙斗装岩机结构

耙斗装岩机主要由台车、传动部分(包括电动机、绞车、操纵机构)、耙斗、导向轮、料槽(进料槽、中间槽、卸料槽)及附件(包括尾轮、固定楔)等部分组成(见图 9-3 所示)。

固定楔由一个紧楔和一个尾部带锥套的钢丝绳环组成(见图 9-4 所示)。

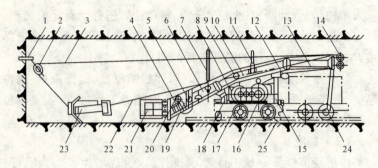

图 9-3　耙斗装岩机结构示意图

1——固定楔;2——尾轮;3——返回钢丝绳;4——簸箕口;5——升降螺杆;6——连接槽;
7,11——钎子钢棒;8——操纵机构;9——按钮;10——中间槽;12——托轮;13——卸料槽;
14——头轮;15——支柱;16——绞车;17——台车;18——支架;19——护板;20——进料槽;
21——簸箕挡板;22——工作钢丝绳;23——耙斗;24——撑脚;25——卡轨器

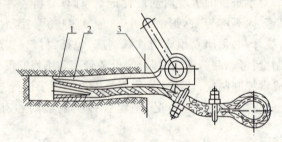

图 9-4　固定楔
1——软楔;2——硬楔;3——绳环

二、耙斗装岩机的操作要求

(一)使用操作

　　放炮后,先在迎头打好安装固定楔的眼(或利用残余炮眼),装好固定楔并悬挂好尾轮,便可开始扒岩。司机拉紧工作滚筒的操纵手柄,绞车便牵引耙斗在迎头扒取岩石,沿进料槽、中间槽、卸料槽、自卸料口卸入矿车,然后松开工作滚筒的操纵手柄,拉紧空程滚筒的操纵手柄,使空耙斗返回迎头,司机交替拉紧工作滚筒和空程滚筒的操纵手柄,实现往复扒岩动作,连续扒取几次后即可装满一辆矿车。如要改变卸料口位置,可在中间槽和卸料槽之间另加接中间槽。

1. 尾轮的悬挂

尾轮的悬挂位置依巷道的具体情况而定。为减少人工辅助劳动,悬挂高度一般在岩石堆 800～1 000 mm 以上为佳,向两边移动悬挂位置可以扒清两侧的矸石。

安装固定楔时,先将带有锥套的钢丝绳放入钻好的眼内,再将紧楔插入,用铁锤敲紧,尾轮挂在钢丝绳套环内。拆卸时,先拆下尾轮,用铁锤横向敲打紧楔的端部,使楔子松动,然后抽出紧楔,再将钢丝绳抽出。

悬挂和取下尾轮时,需将绞车滚筒边缘的辅助刹车弹簧松开,以便人工牵引钢丝绳,待挂好或卸下尾轮后再将弹簧复位或调节到合适劲力,防止乱绳。

2. 耙斗装岩机工作距离

为防止放炮时机器受损,装岩机离迎头的距离不得小于 6 m。为减少人工辅助清理工作量,保证机器较高的装运效率,及便于铺设道轨,装岩机工作时离迎头距离不宜超过 30 m。

(二)使用注意事项

(1)操作时应避免同时拉紧两个操纵手柄,以防耙斗飞起。

(2)扒岩过程中如耙斗受阻或过载太大,不应强行牵引,应将耙斗后退 2 m,然后再扒。

(3)绞车工作时其滚筒上的钢丝绳必须按规定长度缠绕,不可过多,并要时刻注意不可乱绳,否则一旦乱绳挤向滚筒一边缠绕,即会挤裂滚筒挡绳板,造成滚筒报废。放绳时,其滚筒上至少应留有不少于三圈的钢丝绳余量。另外,钢丝绳一旦受力过大,极易因变形而乱绳,遇到此种情况,必须立即更换新钢丝绳。

(4)装岩完毕,耙斗应开到进料槽前;然后将从迎头卸下的尾轮放在耙斗中,防止放炮后被岩石埋住。

(5)装岩完毕后,应使两个操纵手柄位于松闸位置,并卸下手柄放于台车上,再将风动系统的旋转阀手柄取下,以防放炮时砸坏。

(6)放炮后应对槽子、电缆等进行检查后方可开车。

(三)安全保护

(1)装岩过程中耙斗的钢丝绳(尤其是空绳)易摆动,在使用时必须另外装设封闭式金属护绳栏和防耙斗出槽的护栏。开车前司机应发出信号,使其他人注意。装岩时,在耙斗往返行程范围内,严禁有人站立或进行其他工作。在拐弯巷道中装岩时必须使用可靠的双向辅助导向轮,清理好机道,并有专人指挥和信号联系。

(2)进料槽堆矸石不可过高,槽子内堆矸石也不可过多,以防绞车过负荷及矸石、耙头跳出槽外引起事故。

(3)放炮前取下照明灯,放在槽子下面防止震坏。

(4)耙斗装岩机的突出优点是可用于倾斜巷道装岩,但在斜巷中使用时,除使用本机原有的卡轨器外还必须另外增设阻车装置,必须有防止机车下滑的措施。

(5)装岩机在斜巷中移动时,应利用提升绞车进行,下方不得有人,以保证安全。

(四)维护管理

(1)电工接线后,应注意滚筒的转动方向,工作时从减速器一侧看,滚筒应为逆时针转动;若某一时间内两滚筒的转动方向相反,则应以正在工作的一个为准。

(2)经常注意检查制动闸带及辅助刹车松紧是否合适,绞车转动是否灵活,工作是否可靠。如发现内齿轮抱不住或脱不开时,应调节闸带的调节螺栓使之合适。辅助刹车闸带因磨损较快,应每班检查,及时更换。

(3)经常检查钢丝绳的磨损情况,钢丝绳断裂严重时应及时更换。

（4）机器的润滑。机器润滑不仅关系着机器的正常工作，而且直接影响着机器的寿命，及时充分的润滑对设备安全运转和延长使用寿命具有重大意义，因此必须及时地更换和补充润滑油。润滑油的材质必须符合要求，且不得混入灰尘、污物、铁屑及水等杂质。

① 新的或大修后的机器出厂时是不加油的，因此在使用前必须向减速器中添加 CKC100-150 号工业齿轮油后，才可使用。加油时，先将减速器外侧的油位螺塞拧下，然后开始加油，当油面接近油位螺孔位置处时停止加油，再将油位螺塞拧紧。

② 每月对各绳轮轴承加黄油一次；每两个月对绞车减速器加CKC100-150 号工业齿轮油一次；两滚筒中的行星齿轮传动部分出厂前已加过润滑油，新机使用时不需加油，但在使用半个月后，每半个月都应根据使用情况给行星齿轮传动部分加 1 kg 左右CKC100-150 号工业齿轮油一次。但也不可加的过多，否则会造成从滚筒内甩油、漏油，污染闸带及闸轮，使刹车刹不紧。给行星齿轮加油时应注意勿使油落到滚筒制动面及闸带上，如发现上述部位有油应擦干净。

（5）每星期检查一次各连接螺栓有无松动及遗失，对松动件予以拧紧，并补上遗失件。

（6）每星期清理一次机器，将漏渣及泥浆沉积的岩碴清理干净。

三、耙斗装岩机移动和安装的标准

（一）耙斗装岩机移动时应遵循的标准

（1）在平巷中移动耙斗装岩机不得采用耙斗装岩机自拉自身的方法，必须用绞车牵引。

（2）在斜井或下山中移动耙斗装岩机也要启动绞车进行，不能只靠装岩机的自重下滑。在移耙斗装岩机前应先把耙斗装岩机下方及其前方的轨道清理干净。

（3）斜巷移耙斗装岩机所用的绞车、钢丝绳必须经过核算，符合要求才能使用。

（4）上山移耙斗装岩机应先在工作面处打一根钻柱，用以挂绞车的导向轮。点柱应是专用的（不得用棚腿或棚梁代替），应采用 11 号矿用工字钢或用直径大于 180 mm 的圆木做成，长度应能插入顶板上 250 mm、底板下 300 mm 为宜，而且此处巷道顶底板岩石完整不破碎。

（5）在斜巷中移动耙斗装岩机时绞车钩头要挂牢，并挂保险绳和保险插销。耙斗装岩机未稳固好前不准松牵引绳，不准摘钩头、保险插销和保险绳。

（6）耙斗装岩机前面铺设的轨道必须符合标准，轨枕必须放到坚实的硬岩底上。如巷道底板有超挖现象，其起挖处应用料石（或硬岩块）充填严实。

（7）移耙斗装岩机时，耙斗装岩机两侧、下山耙斗装岩机的前方和上山耙斗装岩机的后方都不得有人或行人走动。

（二）耙斗装岩机固定和安装时应遵循的标准

（1）固定耙斗装岩机处巷道的围岩完整、支护完好、底板坚实，临近轨道构件齐全，螺丝拧紧，轨枕间距不超过 1 m。

（2）为了避免放炮损坏机器，和有较高的装岩效率，耙斗装岩机距巷道工作面以不小于 6 m 为宜。在钻眼与装岩平行作业时，耙斗装岩机距工作面最大距离：斜井或下山不大于 20 m；平巷不大于 25 m；上山不大于 30 m。

（3）安装耙斗装岩机的顺序是：首先把耙斗装岩机台车的四个轮子牢固地卡在轨道上；然后安装簸箕槽，安装时一定要把簸箕槽与机身之间所有的螺丝孔都穿上螺丝并拧紧；之后安装卸料槽，安装时要用手动起重器（俗称手动葫芦）起吊，手动起重器要牢固地固定在巷道支护的棚梁上或顶板的锚杆上，固定手动起重器的棚子和锚杆必须牢固可靠，卸料槽起到位置后所有的螺丝孔都必须穿上螺丝;牢固地与机身连接在一起;最后安上卸料槽的两根后支腿,或把卸料槽用钢丝绳牢固地吊在巷道的顶板上,在安装卸料槽时下面严禁站人或行人。

(4) 在斜井及下山中使用耙斗装岩机时,当巷道坡度小于 20°时除了用机器本身的卡轨器进行固定外,还应增设两个大卡轨器,大卡轨器一端固定在耙斗装岩机台车的立柱上,另一端固定在轨道上。

(5) 当下山坡度大于 20°时,除上述的规定外还应另设一套防滑装置,其方法是在巷道底板上打两个约 1 m 深的孔,并楔入 ϕ 40 mm 的圆钢用钢丝绳与装岩机相联结。

(6) 上山施工时,耙斗装岩机除了采用下山的固定方法外,还应在耙斗装岩机台车的后立柱上,增设两根斜撑。此斜撑在平时起固定作用,向上移耙斗装岩机时,也可以去掉,能起到保险作用。

(7) 固定楔一定要打牢,其拔出力以不小于 3 t 为宜。固定楔安装孔的数目视巷道的宽度而定,孔距不应大于 1 m。

(8) 尾轮悬挂位置应高于岩堆 0.8～1 m。固定楔安装孔应比固定楔长出 50～100 mm 以上。并且向下略带 5°～10° 的倾角。

(9) 装岩与打眼平行作业时,可先将工作面的岩石耙出工作面 6～8 m 以上,然后在距工作面 4～5 m 处的两帮各打一个固定楔,再挂上钢丝绳套用以悬吊尾轮。

(10) 耙斗装岩机安装过程中严禁带电作业。安装好再接通电源,先不送离合器试运转 1～2 min,然后再送上离合器空斗往返运转两次,再试耙渣两斗到簸箕口,确保没问题后方可正式出渣。如发现某处有问题应切断电源再进行处理。

四、蟹爪式装载机的安全使用

蟹爪式装载机的主要特点是能连续装载,生产效率高。此外,机器的高度比较低,履带行走机构灵活,装载面宽,可用于装载煤和中硬以上的岩石。

蟹爪式装煤机在运行中常见的事故有:蟹爪或铲板在工作中碰伤人员,转载部在摆动中挤碰人员,机器行走中司机被挤刮伤,机器行走中轧坏电缆,放炮崩坏设备等。因此,在使用蟹爪式装载机时应注意以下事项:

(1)司机必须持证上岗。司机必须有熟练的操作技术,懂得机器的结构及工作原理,按时进行日常维护。

(2)司机操作前应发出开机信号。装载机两侧及前方不得有人。

(3)装载机运行中,司机必须站在脚踏板上操作,并应注意不能触及两帮支护。

(4)刮板输送机或耙爪卡入异物,应停机检查。严禁强行耙装,以免卡断刮板链或损坏电气设备。

(5)运转中应随时注意机器各部件运转声音及温度,注意履带和刮板链的松紧状态。如有异常现象,应立即切断电源,检查处理。

(6)卸煤部与矿车侧帮上沿应有 200～300 mm 的距离,防止煤(岩)块带入底部。

(7)装煤(岩)时,块度不得超过 500 mm。

(8)放炮前,应将机器推到安全地点,并遮盖好照明灯及操作手柄。

五、铲斗装岩机的操作要求

目前煤矿用铲斗装岩机有两种形式,一种为后卸式,另一种为侧卸式。后卸式主要由行走机构、铲斗、斗臂、回转部、缓冲弹簧、提斗机构等部分组成;侧卸式主要由铲斗、铲斗座、连杆、铲斗臂、提升油缸、防爆开关箱、履带、电动机、侧卸油缸等部分组成。

（一）铲斗装岩机的适用条件

铲斗装岩机适用于有瓦斯和煤尘爆炸危险的矿井中的水平巷道和倾角小于 8°的倾斜巷道,同时要求巷道最小高度不小于

2.2 m,断面面积在 7.5 m² 以上。它可以用来装硬或松散的岩石,岩石块度不超过 200～250 mm。

（二）操作安全要求

（1）操作铲斗装岩机必须持证上岗,没有上岗证不得开机。

（2）开机前必须检查各部件的连接情况和电气设备的防爆情况,检查轨道及其与两帮的距离是否符合铲斗装岩机操作运行要求;操作箱距岩帮不足 0.8 m、装岩机最大工作高度与巷道顶部的安全距离不足 0.2 m,以及周围有其他障碍时不准开机。

（3）司机必须站在踏板上操作,装岩时禁止任何人靠近铲斗的动作范围,司机要随时瞭望。

（4）铲斗插入岩堆时,铲斗前口要贴地面,以免提斗时使装岩机前轮脱轨。

（5）遇有大于 400 mm 的大块岩石,须经人工破碎后方可装载,不准用装岩机砸撞大块岩石。小于 400 mm 的大块岩石不准推撞在矿车的最上面。

（6）电动机温度超过 70℃,发现有异味、异响及无故断电时,必须停机检查处理。

第三节 其他技能

一、综合防尘工作

综合防尘是指采用各种技术手段减少矿山粉尘的产生量、降低空气中的粉尘浓度,以防止粉尘对人体、矿山等产生危害的措施。

大体上将综合防尘技术措施分为通风除尘、湿式作业、密闭抽尘、净化风流、个体防护及一些特殊的除、降尘措施。

（一）通风除尘

通风除尘是指通过风流的流动将井下作业点的悬浮矿尘带

出,降低作业场所的矿尘浓度,因此搞好矿井通风工作能有效地稀释和及时地排出矿尘。

决定通风除尘效果的主要因素是风速及矿尘密度、粒度、形状、湿润程度等。风速过低,粗粒矿尘将与空气分离下沉,不易排出;风速过高,会将落尘扬起,增大矿内空气中的粉尘浓度。因此,通风除尘效果是随风速的增加而逐渐增加的,达到最佳效果后,如果再增大风速,效果又开始下降。排除井巷中的浮尘要有一定的风速。我们把能使呼吸性粉尘保持悬浮并随风流运动而排出的最低风速称为最低排尘风速;把能最大限度排除浮尘而又不致使落尘二次飞扬的风速称为最优排尘风速。一般来说,掘进工作面的最优风速为 0.4～0.7 m/s,机械化采煤工作面为 1.5～2.5 m/s。《煤矿安全规程》规定的采掘工作面最高容许风速为 4 m/s,不仅考虑了工作面供风量的要求,同时也充分考虑到煤、岩尘的二次飞扬问题。

(二)湿式作业

湿式作业是利用水或其他液体,使之与尘粒相接触而捕集粉尘的方法,它是矿井综合防尘的主要技术措施之一,具有所需设备简单、使用方便、费用较低和除尘效果较好等优点;缺点是增加了工作场所的湿度,恶化了工作环境,能影响煤矿产品的质量。除缺水和严寒地区外,一般煤矿应用较为广泛。我国煤矿较成熟的经验是采取以湿式凿岩为主,配合喷雾洒水、水封爆破和水炮泥以及煤层注水等防尘技术措施。

1. 湿式凿岩、钻眼

该方法的实质是在凿岩和打钻过程中,将压力水通过凿岩机、钻杆送入并充满孔底,以湿润、冲洗和排出产生的矿尘。

2. 洒水及喷雾洒水

洒水降尘是用水湿润沉积于煤堆、岩堆、巷道周壁、支架等处的矿尘。当矿尘被水湿润后,尘粒间会互相附着凝集成较大的颗粒,附着性增强,矿尘就不易飞起。在炮采炮掘工作面放炮前后洒水,不仅有降尘作用,而且还能消除炮烟、缩短通风时间。煤矿井下洒水,可采用人工洒水或喷雾器洒水。对于生产强度高、产尘量大的设备和地点,还可设自动洒水装置。

喷雾洒水是将压力水通过喷雾器(又称喷嘴),在旋转或冲击的作用下,使水流雾化成细微的水滴喷射于空气中,它的捕尘作用有:①在雾体作用范围内,高速流动的水滴与浮尘碰撞接触后,尘粒被湿润,在重力作用下下沉;②高速流动的雾体将其周围的含尘空气吸引到雾体内湿润下沉;③将已沉落的尘粒湿润黏结,使之不易飞扬。前苏联的研究表明,在掘进机上采用低压洒水,降尘率为43%～78%,而采用高压喷雾时达到 75%～95%;炮掘工作面采用低压洒水,降尘率为 51%,高压喷雾达 72%,且对微细粉尘的抑制效果明显。

3. 掘进机喷雾洒水

掘进机喷雾分内外两种。外喷雾多用于捕集空气中悬浮的矿尘,内喷雾则通过掘进机切割机构上的喷嘴向割落的煤岩处直接喷雾,在矿尘生成的瞬间将其抑制。较好的内外喷雾系统可使空气中含尘量减小 85%～95%。

4. 水炮泥和水封爆破

水炮泥就是用装水的塑料袋代替一部分炮泥,填于炮眼内。爆破时水袋破裂,水在高温高压下汽化,与尘粒凝结,达到降尘的目的。采用水炮泥比单纯用土炮泥时的矿尘浓度低 20%～50%,尤其是呼吸性粉尘含量有较大的减少。除此之外,水炮泥还能降低爆破产生的有害气体,缩短通风时间,并能防止爆破引燃瓦斯。

水炮泥的塑料袋应难燃、无毒,有一定的强度。水袋封口是关键,目前使用的自动封口水袋装满水后,和自行车内胎的气门芯一样,能将袋口自行封闭。

水封爆破是将炮眼内的炸药先用一小段炮泥填好,然后再给炮眼口填一小段炮泥,两段炮泥之间的空间插入细注水管注水,注满后抽出注水管,并将炮泥上的小孔堵塞。

（三）净化风流

净化风流是使井巷中含尘的空气通过一定的设施或设备,将矿尘捕获的技术措施。目前使用较多的是水幕和湿式除尘装置。

1. 水幕净化风流

水幕是在敷设于巷道顶部或两帮的水管上间隔地安上数个喷雾器喷雾形成的。喷雾器的布置应以水幕布满巷道断面且尽可能靠近尘源为原则。

净化水幕应安设在支护完好、壁面平整、无断裂破碎的巷道段内。一般安设位置如下:

① 矿井总入风流净化水幕:距井口 20～100 m 巷道内;

② 采区入风流净化水幕:风流分叉口支流里侧 20～50 m 巷道内;

③ 采煤回风流净化水幕:距工作面回风口 10～20 m 回风巷内;

④ 掘进回风流净化水幕:距工作面 30～50 m 巷道内;

⑤ 巷道中产尘源净化水幕:尘源下风侧 5～10 m 巷道内。

水幕的控制方式可根据巷道条件,选用光电式、触控式或各种机械传动的控制方式。选用的原则是既经济合理又安全可靠。

2. 湿式除尘装置

除尘装置(或除尘器)是指把气流或空气中含有的固体粒子分离并捕集起来的装置,又称集尘器或捕尘器。根据是否利用水或其他液体,除尘装置可分为干式和湿式两大类。

目前常用的除尘器有 SCF 系列除尘风机、KgC 系列掘进机除尘器、TC 系列掘进机除尘器、mAD 系列风流净化器及奥地利 Am-50 型掘进机除尘设备,德国 SRm-330 掘进除尘设备等。

（四）个体防护

个体防护是指通过佩戴各种防护面具以减少吸入人体粉尘的一项补救措施。

个体防护的用具主要有防尘口罩、防尘风罩、防尘帽、防尘呼吸器等,其目的是使佩戴者能呼吸净化后的清洁空气而不影响正常工作。

1. 防尘口罩

矿井要求所有接触粉尘作业人员必须佩戴防尘口罩,对防尘口罩的基本要求是:阻尘率高,呼吸阻力和有害空间小,佩戴舒适,不妨碍视野。普通纱布口罩阻尘率低,呼吸阻力大,潮湿后有不舒适的感觉,应避免使用。

2. 防尘安全帽(头盔)

煤科总院重庆分院研制出 AFm-1 型防尘安全帽(头盔)或称送风头盔,与 LKS-7.5 型两用矿灯匹配,在该头盔间隔中,安装有微型轴流风机、主过滤器、预过滤器,面罩可自由开启,由透明有机玻璃制成。送风头盔进入工作状态时,环境含尘空气被微型风机吸入,预过滤器可截留 80%～90% 的粉尘,主过滤器可截留 99% 以上的粉尘。经主过滤器排出的清洁空气,一部分供呼吸,剩余气流带走使用者头部散发的部分热量,由出口排出。其优点是与安全帽一体化,减少佩戴口罩的憋气感。

3. AYH 系列压风呼吸器

AYH 系列压风呼吸器是一种隔绝式的新型个人和集体呼吸防护装置。它利用矿井压缩空气在经离心脱去油雾,活性炭吸附等净化过程后,经减压阀同时向多人均衡配气供呼吸。目前生产的有 AYH-1 型、AYH-2 型和 AYH-3 型三种型号。

二、文明生产的内容

(一)作业规程编制

(1)内容应符合《煤矿安全规程》及上级有关规定和技术规范要求,会审有记录;作业规程每月由总工程师组织复审一次,并有复审记录。

(2)施工及地质条件发生变化时,要有针对性补充措施。

(3) 作业规程要内容齐全,外观整洁,图文清晰,保存完好。

(4) 审批、贯彻手续完备,有贯彻、考试和签名记录。

(二) 作业地点综合防尘措施

(1) 采取湿式钻眼,掘进机使用内外喷雾、除尘风机,加设水质过滤器;采用干式钻眼时有捕尘措施。

(2) 巷道及时冲洗降尘,装煤、岩时洒水降尘措施到位,喷射混凝土使用潮料和除尘风机,各转载点设置自动洒水喷雾装置,做到运转开启,停运关闭;放炮前后对工作面 30 m 范围内巷道周边进行冲洗,施工巷道内的设备、风筒、管线上不得有粉(煤)尘;巷道不得有厚度超过 2 mm、连续长度超过 5 m 的粉(煤)尘堆积。

(3) 放炮使用水炮泥、自动喷雾降尘,巷道内有风流净化装置,按规定设置洒水三通,距离迎头 50 m 内必须安装净化水幕,水幕应封闭全断面并正常使用。

(4) 作业人员佩戴个体防护用品。

(三) 临时轨道及运输设备

(1) 临时轨道轨距误差≥5 mm、≤10 mm,轨道接头间隙≤10 mm,内错差、高低差≤5 mm,水平误差≤10 mm。

(2) 轨枕间距≤1 m,连接件齐全紧固有效,使用正规道岔、道岔构件齐全,严禁钢丝绳磨损轨枕。

(3) 无杂拌道,轨枕无浮离、吊吊板现象。

(4) 刮板输送机机头机尾固定可靠,无飘链、出槽、缺刮板现象;胶带输送机机头机尾固定可靠,胶带不跑偏,且每 50 m 加设一防跑偏托辊,各种保护齐全可靠,上下托辊齐全、灵活。

(四) 局部通风

(1) 通风系统符合《煤矿安全规程》规定。

(2) 局部通风机安设符合《煤矿安全规程》规定,采用双风机、双电源,并能自动切换。

(3) 风筒吊挂整齐,逢环必挂,不漏风,拐弯处必须使用弯头。

（4）工作面风筒不落地，风筒口距工作面距离符合作业规程规定。

（五）巷道卫生

（1）巷道内无杂物、无淤泥、无积水（淤泥、积水长度≤5 m，深度≤0.1 m)，掘进工作面巷道低洼积水处必须用混凝土做出符合设计要求的水仓，其上搭设盖板及行人桥。

（2）浮煤（矸）不超过轨枕上平面，水沟畅通。

（3）支护材料、工具分类码放整齐、挂牌管理、标识准确。设备工具必须放在专用工具架（箱）上；材料码放应横竖成线，高度≤1.5 m，距离轨道≥0.7 m；树脂药卷、道夹板、螺丝等材料必须放在专用箱内。

（4）管线吊挂整齐，符合《煤矿安全规程》及作业规程规定。

（六）施工图板

（1）作业场所有规范的、符合现场实际的巷道平面布置图、施工断面、控顶距、支护断面图、避灾路线图，炮掘工作面还应有炮眼布置三视图、爆破说明图。

（2）图板图文清晰、正确，保护完好。

（3）图板悬挂位置合理，便于作业人员观看。

（4）现场作业人员熟知"三图一表"。

（七）掘进安全设施

（1）上下山掘进安全设施（包括一坡三挡、声光信号等）齐全有效，安全间距和躲避硐室设置等符合《煤矿安全规程》规定。

（2）有突出危险的煤（岩）巷掘进工作面设置压风自救装置。

（3）高瓦斯矿井及有煤尘爆炸危险的煤巷掘进工作面应按《煤矿安全规程》设置隔（抑）爆设施；瓦斯探头吊挂位置正确，显示准确，及时填写管理牌板；监测监控线吊挂符合规定。

（4）采用锚杆支护的煤巷必须对顶板离层进行监测，测点布置符合作业规程规定，且巷道交叉点处必须安设顶板离层仪，顶板离层仪安设处必须有记录牌板显示,并进行统计分析。

（八）机电设备管理

（1）巷道内无失爆电器设备。

（2）机电设备定期检查维护,达到完好标准,各种保护齐全。

（3）设备安装位置合理,卫生清洁,挂牌管理,开关上架。

（4）机电维护工及掘进机、胶带输送机、刮板输送机、绞车司机等持证上岗。

（5）掘进机使用维护保养符合作业规程规定,停止截割,截割头必须落地并加盖护罩。

（九）顶板管理

（1）掘进工作面控顶距离符合作业规程规定;现场必须配备锚杆拉拔试验工具。

（2）严禁空顶作业。临时支护形式必须在作业规程或补充措施中明确规定。

（3）架棚支护巷道必须使用拉杆或撑木,炮掘工作面距迎头10 m内必须采取加固措施。炮掘作业面使用架棚支护时,煤巷要求距迎头 5 m 以上,半煤岩和岩巷要求距迎头 10 m 以上,每帮必须使用"防倒器"(金属支架)。

（4）掘进巷道内无空帮、空顶现象,超宽大于 0.2 m 时,必须补打锚杆并缩小间排距,失修巷道要及时采取措施处理。

（十）爆破管理

（1）放炮员持证上岗,放炮作业符合《煤矿安全规程》规定。

（2）火药、雷管领用、清退、引药制作、火工品存放符合《煤矿安全规程》、国家相关规定及单位有关制度。

（3）放炮撒人距离和警戒设置符合《煤矿安全规程》要求。

（4）执行"一炮三检"和"三人联锁"放炮制度。

复习思考题

1. 打眼前的准备工作有哪些？

2. 处理片帮的方法有哪些？

3. 处理冒顶的方法有哪些？

4. 耙斗装岩机的使用注意事项有哪些？

5. 耙斗装岩机移动时应遵循的标准是什么？

6. 蟹爪式装载机的安全使用要求有哪些？

7. 《煤矿安全规程》对压入式通风安装位置有什么要求？

8. 恢复局部通风机通风时的注意事项是什么？

9. 什么是通风除尘？

10. 钻眼中湿式作业指的是什么？

11. 个体防护用具主要有什么？

12. 施工图板的主要内容有什么？

13. 铲斗装岩机的操作要求有哪些？

第四部分
高级工技术知识和技能要求

第十章　锚喷工高级工基本知识

第一节　视图知识

一、矿图识读

（一）井田区域地形图

井田区域地形图是矿区的基本图纸,是矿井规划、设计和施工的重要依据,比例尺为1:5 000或1:2 000。由井田区域地形图可确定:地面某点的高程,某点的大致坐标,直线的水平长度、坡度和倾斜长度,某直线的方位角,按设计坡度在地形图上选定最短线路,沿已知方向作剖面图等。

（二）工业广场平面图

工业广场平面图属于井田区域地形图,它的比例尺较大,一般要求1:500或1:1 000。图上应包括如下内容:

（1）工业广场内所有永久或临时的房屋和建筑物,如办公楼、绞车房、工厂、食堂、医院、仓库等;

（2）工业广场内各级测量控制点;

（3）工业广场内所有明的、暗的管、线路;

（4）工业广场内的地形,建筑区内重要建筑物的高程,如井口标高、重要厂房内标高等,非建筑区一般用高程间隔为0.5 m的等高线表示。

工业广场平面图是在矿井工业广场范围内进行规划、设计、改扩建的必备图纸资料和依据。

（三）水平主要巷道平面图

一个井田，往往划分为一个或数个开采水平进行开采，每个开采水平都要布置一套开拓巷道，其中包括为开采水平服务的井底车场、主要水平大巷、重要石门等，将这类巷道投影到一个水平面上，按比例绘出的图纸，称为水平主要巷道平面图。比例尺为1：1 000或1：2 000。水平主要巷道平面图的用途如下：

（1）了解水平重要巷道布置和煤层开发情况；

（2）了解煤层走向变化，指导巷道设计与施工；

（3）了解本水平重要断层的分布情况，预测巷道前进方向和深部的断层位置；

（4）丈量主要巷道长度，确定煤层间的水平距离；

（5）绘制地质剖面图和主要巷道综合平面图的基础图纸。

（四）井底车场平面图

井底车场由连接和环绕井筒的若干巷道和井筒附近的各种硐室组成，是联系井上下的总枢纽，将其投影到一个水平面上，按比例绘出的图纸，称为井底车场平面图。该图比例尺为1：200或1：500。

（五）采掘工程平面图

采掘工程平面图是反映煤层内巷道布置和回采情况的图纸。将沿煤层掘进的采区运输、通风巷道以及供电、排水的巷道和硐室，构成回采工作面的运输顺槽、回风顺槽和采面切眼，煤层的赋存、主要地质构造等情况，按比例绘出的图纸，称为采掘工程平面图。它可以解决以下问题：

（1）了解煤层内巷道的掘进和布置情况以及煤层的回采情况；

（2）了解断层及其他地质构造分布情况和规律，为做好邻近采区地质报告提供资料；

（3）用来计算三个煤量，月度、年度产量和损失量，正确掌握采、掘接替；

（4）是编制其他矿图和地质图的依据；

（5）用来绘制和修改沿煤层倾斜方向的剖面图和煤层底板等高线图。

（6）采掘工作面图的主要内容有：

① 地面的主要建筑物、河流、湖泊、桥梁、铁路、公路、主要井巷及保护煤柱的边界、井田技术边界和井田隔离煤柱边界；

② 地面各级控制点的精确位置、高程和编号；

③ 井下所有巷道和硐室，并注明月进度、巷道特征点底板高程及主要巷道的倾角；

④ 回采工作面的月、年进度，每层厚度，煤层倾角及开采和采完日期；

⑤ 断层与煤层的交面线、开采煤层的钻孔、煤层露头线、倾角、煤层柱状及主要地质构造；

⑥ 火区、积水区、透水点、瓦斯突出区、采煤区、煤量注销区及采空区；

⑦ 井田边界外 100 m 内相邻矿井井巷。

二、掘进工作面炮眼布置图

炮眼布置是指炮眼的排列形式、数目、深度、角度和眼距等。炮眼的布置主要与煤岩性质、顶板好坏、断面形状和大小、选用炸药的种类、装药量及爆破方式等因素有关。由于巷道岩性随掘进过程而变化，在布置炮眼时不能一成不变，而应根据实际情况选用合适的炮眼布置形式。

第二节　地　质　知　识

一、岩石的水理性质

大气降水、地表水所以能向地下渗透，且在岩石中流动，或储存在岩石中，这是由于岩石具有透水性。岩石的透水性就是岩石本身的透水能力。岩石透水性即为岩石水理性质。透水性与岩石的孔隙、裂隙多少、大小和连通的好坏有关。

（一）岩溶水

地下水对可熔岩的溶解,使岩石形成很多溶洞,在溶洞中积聚了很多地下水,这些存在于岩石溶洞中的地下水,称为岩溶水。岩溶水主要存在于石灰岩和白云岩岩层中,对矿井危害较大。

（二）含水层静储量

在岩石孔隙中已存在的水量,即为含水层静储量。仅有静储量的矿井涌水随着不断排水,水量不断减少,甚至被疏干。

（三）含水层动储量

静水量被排出后,大气降水和地表水或其他水流不断补给的储量,即为含水层动储量。若地下水补给条件充分,动储量大,则涌水不易排干,需要采取截断水源办法,来减少矿井涌水量。

二、岩石的力学特征

岩石的力学性质是指岩石受力后所产生的变形特征和强度及破坏特征。这些特征不仅取决于岩石的成分、结构等因素,还与岩石的受力条件有很大关系。

（一）岩石的变形特征

岩石在载荷的作用下改变自己的形状或体积直至破坏的情况,即为岩石的变形特征。岩石在载荷的作用下首先发生变形,当载荷增大或超过某一数值（极限载荷）时,就会导致岩石的破坏。由于受力情况不同,岩石的变形有:弹性变形、塑性变形、脆性变形、弹塑性变形、流变。

1. 弹性变形

岩石在载荷的作用下,改变自己的形状或体积,当载荷去掉后,又能恢复其原来的形状或体积,这种变形称为弹性变形。

2. 塑性变形

岩石在载荷作用下发生变形,当去掉载荷后变形不能恢复,这种变形称为塑性变形。

3. 脆性变形

岩石在载荷作用下，没有明显的塑性变形就突然破坏，这种变形称为脆性变形。

4. 弹塑性变形

岩石同时具有弹性变形和塑性变形，称为岩石的弹塑性变形。

5. 流变

岩石在长期载荷作用下的应力、应变随时间变化的性质称为岩石的流变性。

（二）岩石应力

岩石受到外力作用时，在岩体内部产生一个反作用力来保持平衡，这个反作用力称为内力，单位体积上的内力称为应力。若应力大于围岩的极限抗压强度，将出现顶板下沉、断裂、冒落、底鼓、煤壁或岩壁片帮等现象，产生这些现象的力称为矿山压力，这些现象称为矿山压力显现。由此看，矿山压力即为岩石应力释放的具体表现。

（三）岩石的强度特征

岩石的强度特征反映岩石抵抗破坏的能力，用单位面积上所受力的大小来表示，其单位为 Pa(帕)。岩石强度大小的排列顺序为：三向等压＞三向非等压＞双向压力＞单向压力＞剪切＞弯曲＞单向拉伸。

一般岩石的单向抗拉强度仅为单向抗压强度的 1/15～1/30，双向抗压强度为单向抗压强度的 1.5～2 倍。

岩石的强度越高，其抵抗外力使其变形、破坏的能力就越强，则巷道就越稳定。

三、岩石的工程分级及围岩分类

为了能够有效的开挖岩石和合理地进行井巷支护，就必须对岩石进行工程分级，对围岩稳定性进行分类，并以此作为选择破岩方法和井巷支护方法的科学依据。

（一）岩石的工程分级

世界上岩石工程分级方法较多。我国煤矿常用的是按岩石坚固性对岩石进行分级，即普氏分级法。普氏认为，岩石的坚固性对于各种破岩方法的表现是趋于一致的，因此普氏提出一个表示岩石坚固性的综合指标"岩石的普氏硬度系数 f"，并以此来表示岩石破坏的相对难易程度。f 值在数值上等于岩石单向抗压强度 R_c（MPa）的 10%，即：$f = R_c/10$。

根据 f 值的大小，我国将煤岩分为六级：

Ⅰ. 相当软的岩石，$f=1.5$。特征为：碎土石、破碎的页岩、结块的卵石和碎石、坚硬的煤、硬化的黏土。

Ⅱ. 中硬岩石，$f=2\sim3$。特征为：软页岩与软的石灰岩、冻土、无烟煤、普通的泥灰岩、破碎的砂岩、胶结的卵石和沙砾、掺土石以及各种不坚硬的页岩、致密的泥灰岩。

Ⅲ. 相当硬的岩石，$f=4\sim6$。特征为：硬质黏土页岩、不坚硬的砂岩和石灰岩、软的砾石、片状砂岩、普通砂岩、铁矿石。

Ⅳ. 硬岩石，$f=8\sim10$。特征为：坚硬的石灰岩、不硬的花岗岩、硬的砂岩、黄铁矿、白云岩、紧密的花岗岩、很硬的砂岩和石灰岩、石英质矿脉、硬的砾岩。

Ⅴ. 很硬岩石，$f=12\sim14$。特征为：最硬的砂岩和石灰岩、很硬的花岗岩、石英斑岩。

Ⅵ. 坚硬岩石，$f=15\sim20$。特征为：极硬、极致密与韧性最大的石英岩和玄武岩，及其他特坚硬的岩石。

（二）围岩分类

为了区分各种岩层支护的难易程度，根据支护设计的要求，考虑煤矿岩层特点，将各类岩层按围岩稳定性分为五类，见表10-1。

第十章 锚喷工高级工基本知识

表 10-1 **锚喷围岩分类**

围岩分类		岩层描述	巷道开掘后围岩的稳定状态（3～5 m跨度）	岩种举例
类别	名称			
Ⅰ	稳定岩层	1. 完整坚硬岩层，R_b＞60 MPa，不易风化； 2. 层状岩层，层间胶结好，无软弱夹层	围岩稳定，长期不支护无碎块掉落现象	完整的玄武岩、石英质砂岩、奥陶纪灰岩、茅口灰岩、大冶厚层灰岩
Ⅱ	稳定性较好岩层	1. 完整比较坚硬岩层，R_b＝20～40 MPa； 2. 岩状岩层，胶结较好； 3. 坚硬块状岩层，裂隙面闭合，无泥质充填物，R_b＞60 MPa	阻岩基本稳定，较长时间不支护会出现小块掉落现象	胶结好的砂岩、砾岩、大冶薄层灰岩
Ⅲ	中等稳定岩层	1. 完整的中硬岩层 R_b＝20～40 MPa； 2. 层状岩层以坚硬层为主，夹有少数软岩层； 3. 比较坚硬的块状岩层，R_b＝40～60 MPa	能维持一个月以上的稳定，会产生局部块掉落	砂岩、砂质页岩、粉砂岩、石灰岩、硬质凝灰岩
Ⅳ	稳定性较差岩层	1. 较软的完整岩层，R_b＜20 MPa； 2. 中硬的层状岩层； 3. 中硬的块状岩层，R_b＝20～40 MPa	围岩的稳定时间仅有几天	页岩、泥岩、胶结不好的砂岩、硬煤
Ⅴ	不稳定岩层	1. 易风化潮解剥落的松软岩层； 2. 各类破碎岩层	围岩很容易产生冒顶片帮	炭质页岩、花斑泥岩、软质凝灰岩、煤、破碎的各类岩石

注：1. 岩层描述将岩层分为完整的、层状的、块状的、破碎的四种：
(1) 完整岩层：层理和节理裂隙的间距大于 1.5 m。(2) 层状岩层：层与层间距小于 1.5 m。(3) 块状岩层：节理裂隙间距小于 1.5 m，大于 0.3 m。(4) 破碎岩层：节理裂隙间距小于 0.3 m。
2. 当地上水影响围岩的稳定性时，应考虑适当降级。
3. R_b 为岩石的饱和抗压强度。

（三）围岩松动圈

岩体开挖以后,破坏了原来的应力平衡,在围岩中产生应力集中现象。如果围岩应力大于岩体的强度,围岩将产生破坏与变形,见图 10-1 所示。当岩壁处应力大于岩体强度时,岩体产生塑性变形,出现裂隙并伴有应力释放,于是巷道周围出现比原始应力低的应力降低区Ⅰ;再向岩体内部去应力出现一个高峰,称为

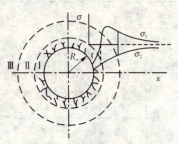

图 10-1 围岩松动圈
Ⅰ——应力降低区;Ⅱ——应力集中区;
Ⅲ——原始应力区

应力集中区Ⅱ;继续向岩体深部去应力接近原始状态,基本不受巷道开挖的影响,称为原始应力区Ⅲ。应力降低区的岩体强度大大减弱,因而是不稳定的,这样在岩体中就形成了松动圈。

围岩松动圈的大小与围岩强度和围岩应力有直接关系,即围岩松动圈的大小是地应力、围岩强度的综合指标。中国矿业大学井巷教研室根据围岩松动圈范围,将围岩分成六类,见表 10-2。

表 10-2　　　　　　　　　　　　围岩分类

类别	分类名称	松动范围/mm	支 护 形 式
Ⅰ	稳定围岩	<500	喷射混凝土
Ⅱ	较稳定围岩	500~1 000	锚喷联合支护(悬吊理论)
Ⅲ	一般稳定围岩	1 000~1 500	锚喷联合支护(悬吊理论)
Ⅳ	一般不稳定围岩	1 500~2 000	锚喷加网支护(组合拱)
Ⅴ	不稳定围岩	2 000~3 000	待定
Ⅵ	极不稳定围岩	>3 000	待定

四、断层的识别及对安全生产的影响

（一）断层的识别标志

断层存在的标志或出现的征兆很多,有间接的,也有直接的,

归纳起来有下列几条:

(1)煤层走向与倾向发生较大变化,岩煤层不连续。如果发生煤层、岩层突然断了而与其他岩层接触,这种情况常是由断层造成的,可作为断层存在的一种标志,见图 10-2 所示。

图 10-2 断层的识别

(2)岩煤层的重复出现与缺失。断层能造成正常地层系统的缺失或使其中一段重复出现,见图 10-3 所示。

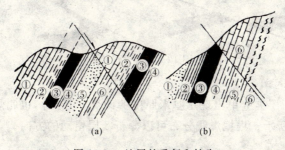

(a)   (b)

图 10-3 地层的重复和缺失

(a)重复;(b)缺失

①、②、③、④、⑤、⑥——不同岩层

(3)地形上的特征。由于断层影响,地形往往有一些特殊的表现,如山脊突然错开形成悬崖陡壁。

(4)煤岩层错动现象。煤层松软,无光泽,滑动面和摩擦痕增加,这是断层出现的直接标志。

(5)煤层顶、底板出现严重凸凹不平,顶、底板岩石裂隙增加,而且越接近断层裂隙越多。

（二）断失煤层的寻找方法

1. 断层擦痕

在断层面上由两盘发生位移时相互摩擦形成的擦痕。断层擦痕处痕迹细而深，移动方向宽而浅；用手摸时，感觉顺向光滑，逆向粗糙刺手。

2. 牵引现象

煤、岩层由于断层两盘发生位移，断层面两侧的煤、岩层相互摩擦挤压而发生局部的牵引变薄现象，如图 10-4 所示。可以根据牵引现象观察断盘移动方向。

图 10-4 牵引现象

3. 导脉

在断层夹缝里出现几厘米厚度的碎煤，叫导脉，也叫煤线，见图 10-5 所示。根据煤线分布可以分析断层错动的方向。

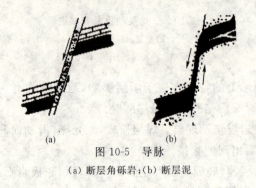

(a)   (b)

图 10-5 导脉

（a）断层角砾岩；（b）断层泥

4. 对比分析法

分析邻近巷道或采区中已查明的断层，比较其状况是否一致，在图纸上是否连接,从而判断断层方向。

5. 煤岩层的层位对比法

根据断层两侧的煤岩层,确定断层的性质,寻找断失的煤岩层。

(三)断层对煤矿生产的影响

断层分大、中、小型断层。大型断层:落差大于 50 m 的断层;中型断层:落差在 20～50 m 之间的断层;小型断层:落差小于20 m的断层。

断层对煤矿生产的影响:

(1)大型断层往往是划分井田的主要地质构造依据之一。

(2)中型断层影响井田开拓方式的选择和采区布置。

(3)煤、岩层受断层裂隙的影响,岩石破碎,压力增大,容易造成片帮、冒顶。

(4)断层破碎带和向、背斜结构能聚集大量瓦斯,裂隙则是释放瓦斯的通道。

(5)在背斜轴部、张性破碎带及裂隙发育的岩层中,往往是地下水的富水区和通道。

(6)断层纵横交错影响掘进效率的提高,容易造成废巷影响采煤正常接替,造成煤炭资源损失。

五、煤层埋藏特征及煤炭储量

(一)煤层埋藏特征

煤层的赋存特征主要指煤层的厚度、倾角、层数、层间距离及顶底板岩性等,这些特征与煤矿开采工作最为密切。其中煤层的厚度和倾角是确定开采方法的最主要因素。

1. 煤层的形态

煤在地下通常是层状埋藏的,但也有似层状和非层状煤层。层状煤层有显著的连续性,厚度变化有一定规律;似层状煤层,形状像藕节、串珠或瓜藤等,层位有一定的连续性,厚度变化较大;非层状煤层,形状像鸡窝或扁豆等,层位连续性不明显,常有大范围尖灭。

2. 煤层的结构

煤层的结构是指煤层中有无夹石层。不含夹石层或夹石层较少的煤层称为简单结构煤层;含有夹石层较多的煤层称为复杂结构煤层。

3. 煤层的厚度

煤层的厚度分为真厚度、垂直厚度、水平厚度。煤层顶底板之间法线距离称为真厚度;煤层顶底板之间垂直距离称为垂直厚度;煤层顶底板之间水平距离称为水平厚度。

(二)煤炭储量

1. 储量的概念

煤炭储量是指地下埋藏的具有一定工业价值和经济研究具有开采价值的煤炭资源数量。它是煤田地质勘探工作最终成果的集中表现。在不同的勘探阶段,由于勘探程度不同对煤层的形状、厚度、结构、煤质及开采技术条件的研究程度也不同。随着勘探工作的开展,对煤层的赋存状况了解不断加深,从而对煤炭储量的控制也逐步准确。

2. 储量的分类

根据中华人民共和国国土资源部发布,2003 年 3 月 1 日起实行的地质矿产行业标准 DZ/T 0215—2002《煤、泥炭地质勘查规范》,对煤炭资源/储量分类及类型条件、储量估算等作了新的划分和规定。依照该规范,煤炭储量按可行性评价阶段分为概略研究、预可行性研究和可行性研究储量;从经济意义上分为经济的、边际经济的、内蕴经济的和经济意义未定的基础储量;从地质可靠程度上分为探明的、控制的、推断的、预测的储量(见表 10-3)。

(1)探明的煤炭储量分类

① 可采储量(111):探明的经济基础储量的可采部分。勘查

表 10-3　　　　　　　　　**固体矿产资源/储量分类表**

经济意义	地质可靠程度			
	查明矿产资源			潜在矿产资源
	探明的	控制的	推断的	预测的
经济的	可采储量(111)			
	基础储量(111b)			
	预可采储量(121)	预可采储量(122)		
	基础储量(121b)	基础储量(122b)		
边际经济的	基础储量(2M11)			
	基础储量(2M21)	基础储量(2M22)		
次边际经济的	资源量(2S11)			
	资源量(2S21)	资源量(2S22)		
内蕴经济的	资源量(331)	资源量(332)	资源量(333)	资源量(334)?

注:表中所用编码(111～334),第一位数表示经济意义,即1＝经济的;2M＝边际经济的,3＝内蕴经济的,?＝经济意义未定;第2位数表示可行性评价阶段,即1＝可行性研究,2＝预可行性研究,3＝概略研究;第3位数表示地质可靠程度,即1＝探明的,2＝控制的,3＝推断的,4＝预测的。b＝未扣除设计、采矿损失的可采储量。

工作程度已达到勘探阶段的工作程度要求,并进行了可行性研究,证实其在计算当时开采是经济的,计算的可采储量及可行性评价结果可信程度高。

② 探明的(可研)经济基础储量(111b):同111的差别在于本类型是用未扣除设计、采矿损失的数量表述。

③ 预可采储量(121):同111的差别在于本类型只进行了预可行性研究,估算的可采储量可信度高,可行性评价结果的可信度一般。

④ 探明的(预可研)经济基础储量(121b):同121的差别在于本类型是用未扣除设计、采矿损失的数量表述。

⑤ 探明的(可研)边际经济基础储量(2M11):勘查工作程度

已达到勘探阶段的工作程度要求。可行性研究表明,在确定当时开采是不经济的,但接近盈亏边界,只有当技术、经济等条件改善后才可变成经济的。估算的基础储量和可行性评价结果的可信度高。

⑥ 探明的(预可研)边际经济基础储量(2M21):同 2M11 的差别在于本类型只进行了预可行性研究,估算的基础储量可信度高,可行性评价结果的可信度一般。

⑦ 探明的(可研)次边际经济资源量(2S11):勘查工作程度已达到勘探阶段的工作程度要求。可行性研究表明,在确定当时开采是不经济的,必须大幅度提高矿产品价格或大幅度降低成本后,才能变成经济的。估算的资源量和可行性评价结果的可信度高。

⑧ 探明的(预可研)次边际经济基础储量(2S21):同2S11的差别在于本类型只进行了预可行性研究,资源量估算可信度高,可行性评价结果的可信度一般。

⑨ 探明的内蕴经济资源量(331):勘查工作程度已达到勘探阶段的工作程度要求。但未做可行性研究或预可行性研究,仅做了概略研究,经济意义介于经济的至次边际经济的范围内,估算资源量可信度高,可行性评价可信度低。

(2) 控制的煤炭储量分类

① 预可采储量(122):勘查工作程度已达到详查阶段的工作程度要求。预可行性研究结果表明开采是经济的,估算的可采储量可信度较高,可行性评价结果的可信度一般。

② 控制的经济基础储量(122b):同 122 的差别在于本类型是用未扣除设计、采矿损失的数量表述的。

③ 控制的边际经济基础储量(2M22):勘查工作程度达到了详查阶段的工作程度要求,预可行性研究结果表明,在确定当时开采是不经济的,但接近盈亏边界,待将来技术经济条件改善后可变成经济的。估算的基础储量可信度较高,可行性评价结果的可信

度一般。

④ 控制的次边际经济资源量(2S22)：勘查工作程度达到了详查阶段的工作程度要求，预可行性研究结果表明，在确定当时开采是不经济的，需大幅度提高矿产品价格或大幅度降低成本后，才能变成经济的。估算的资源量可信度较高，可行性评价结果的可信度一般。

⑤ 控制的内蕴经济资源量(332)：勘查工作程度达到了详查阶段的工作程度要求。未做可行性研究或预可行性研究，仅做了概略研究，经济意义介于经济的至次边际经济的范围内，估算资源量可信度高，可行性评价可信度低。

(3) 推断的煤炭储量分类

推断的内蕴经济资源量(333)：勘查工作程度达到了普查阶段的工作程度。未做可行性研究或预可行性研究，仅做了概略研究，经济意义介于经济的至次边际经济的范围内，估算资源量可信度低，可行性评价可信度低。

4. 预测的资源量(334)

勘查工作程度达到了预查阶段的工作程度要求。在相应的勘察工程控制范围内，对煤层层位、煤层厚度、煤类、煤质、煤层产状和构造等均有了解后，所估算的资源量。预测的资源量属于潜在煤炭资源，有无经济意义尚不确定。

(三) 煤的工业指标

为了满足国民经济和工业生产对煤炭的需求，国家规定了煤炭的质量指标。常用的衡量煤质的指标如下。

1. 水分(M)

煤本身含有水分，煤中水是非可燃成分，其含量的多少与煤的变质程度及外界条件有关。煤中的水分根据存在状态又分为内在水分(吸附或凝聚在煤内部毛细孔中的水分)和外在水分(在煤的开采、储运过程中洒水降尘和洗选过程中存留在煤表面的水分)。

内在水分和外在水分的总和称为全水分。煤中的水分会降低煤的发热量并增加运输负担,国家规定煤炭的全水分为煤炭产品的质量指标之一。

2. 灰分(A)

灰分是指煤完全燃烧后,残余的不可燃固体物质。灰分增加将使煤的发热量降低,导致运输中的浪费并造成炼铁过程消耗增加、生产率下降。灰分过高的煤则可能成为没有开采价值的劣质岩石。

根据煤的灰分产率的高低,将煤分为 5 级(GB/T 15224.1—2010),如表 10-4 所示。

表 10-4　　　　　　　　根据煤灰分产率对煤的分级

动力煤灰分分级			冶炼用炼焦精煤的灰分分级		
级别名称	代码	灰分 A_d 范围/%	级别名称	代码	灰分 A_d 范围/%
特低灰煤	SLA	≤10.00	特低灰煤	SLA	≤6.00
低灰分煤	LA	10.01~16.00	低灰分煤	LA	6.01~9.00
中灰分煤	MA	16.01~29.00	中灰分煤	MA	9.01~12.00
高灰分煤	HA	>29.00	高灰分煤	HA	>12.00

国家规定:矿井生产的原煤灰分应小于 40%;炼焦用煤的灰分最好不超过 10%。

3. 挥发分(V)

挥发分是指在隔绝空气条件下,把煤加热到 850~900 ℃,在高温下分解出来的液态(蒸汽)和气态物质。其成分主要是氮、氢、甲烷、二氧化碳、硫化氢及其他有机化合物。煤中挥发分含量是随煤的变质程度增高而降低,如褐煤挥发分高达 40%以上,而无烟煤则不到 10%。挥发分是评价煤质的重要参数,它也是我国目前煤炭分类的主要指标之一。

4. 胶质层厚度(Y)

胶质层厚度是指在隔绝空气的条件下,将煤样加热到一定温度,煤中有机质就开始分解软化,形成黏稠状胶质体。胶质层厚度能反映煤的黏结性强弱,胶质层厚度越大,煤的黏结性越强;没有黏结性的煤,加热时不产生胶质体。

煤的胶质层厚度随着煤的变质程度增加有规律的变化。变质程度很高或很低的煤,胶质层厚度 Y 值很小或为零,即黏结性差或没有黏结性。胶质层厚度是评价煤炼焦性能的主要指标,也是我国目前煤炭分类的指标之一。

5. 发热量(Q)

发热量是煤炭质量的最主要指标,发热量是单位重量的煤完全燃烧后所产生的全部热量,称为煤的发热量。其单位为每千克兆焦(MJ/kg)。它对评价煤的燃烧价值有很重要的意义。

煤发热量的大小主要取决于煤中可燃元素(碳、氢)的含量,因而也与煤的变质程度有关,如表 10-5 所示。

表 10-5 不同煤种的发热量表

煤　种	褐　煤	烟　煤	无烟煤
发热量/(MJ/kg)	25.10~30.50	30.50~37.20	32.20~36.10

一般来说,变质程度越高发热量越大。但是,由于烟煤向无烟煤过渡时,氢的含量下降很快,并且氢燃烧时产生的发热量为碳的 4 倍,所以某些烟煤的发热量略高于无烟煤。此外,煤发热量还受水分、灰分等因素的影响,灰分高、水分大时,发热量较低。

6. 含矸率

含矸率是指矿井开采出来的煤炭中含有大于 50mm 的矸石量占全部煤量的百分率。含矸率高,将直接影响煤的发热量,含矸率是评价煤炭质量的一个主要指标。

复习思考题

1. 岩石的力学特征有哪些？
2. 岩石的变形有哪几种形态？
3. 我国常用的岩石分级方法是什么？分为哪几级？
4. 巷道围岩分类的目的是什么？
5. 什么叫围岩松动圈？
6. 试述断失煤层的寻找方法。
7. 我国是如何划分煤炭储量的？
8. 什么是采掘工程平面图？它可以解决哪些问题？

第十一章　锚喷工高级工专业知识

第一节　钻眼操作安全知识

一、风动凿岩机安全操作

（一）风动凿岩机的分类

风动凿岩机分为手持式、气腿式、伸缩式（向上式）和导轨式四种，按冲击频率可分为低频凿岩机、中频凿岩机和高频凿岩机。

低频凿岩机频率：　　　1 600～2 000 次/min

中频凿岩机频率：　　　2 100～2 400 次/min

高频凿岩机频率：　　　3 000～3 300 次/min

活塞的冲击次数与工作效率成正比，频率越高，效率越高。

（二）冲击式凿岩工具

冲击式凿岩工具通常称为钎子，钎子有整体和组合两种。组合钎子应用广泛，它由钎头、钎杆、钎尾和钎肩组成。

目前常用的钎子是钎杆断面为中空六边形，材料为碳素钢，其直径为 22～26 mm。圆断面钎杆大多用于重型导轨式凿岩机和深孔接杆钻进。

（三）风动凿岩机操作注意事项

（1）钻眼前应检查凿岩机、钻架是否完好，风、水管是否完好畅通，风、水阀门是否跑风漏水，连接头是否牢固，螺栓是否紧固，并加油试运转。

（2）钻眼时必须按中、腰线及作业规程中爆破图表画好轮廓线并标出眼位,按规定的眼位、方向、角度和深度钻眼。

（3）开钻时,应把凿岩机操作阀开到运转位置,待眼位固定,并钻进 20～30 mm 后,再中速钻进,钻进 50 mm 后,再全速钻进。

（4）禁止骑钻作业。多台钻机作业,禁止交叉作业,人员禁止站在钻杆下。

（5）钻眼时,凿岩机、钻杆与钻眼方向要保持一致,推力要均匀适量,打底眼时要适当提钻减压,以防夹钻使钻杆折断。

（6）钻杆与钻头连接要牢固,钻眼过程中发现合金片脱落,必须及时更换钻头。

（7）严禁在残眼内继续钻眼。

（8）钻眼过程中,如发现岩层出水、瓦斯涌出异常时,要停止钻眼,并不得拔出钻杆,迅速汇报调度室。

（9）钻眼完成后,应将钻眼工具、设备等全部撤到安全地点存放。

（四）钻眼作业事故预防和处理

1. 卡钎、断钎事故

（1）操作人员技术不熟练、操作时精力不集中,使凿岩机、钎杆左右摇摆,钻架忽起忽落,造成钻孔不直,强行推进出现卡钎或把钎杆折断。防治方法是提高钻眼技术,操作时精力集中,保持钻架稳定,使钎杆平直钻进。

（2）在坚硬多裂隙的岩石钻眼,如果采用一字形合金钻头,凿刃容易打到裂隙中,钎头容易被夹住,凿岩机继续冲击就容易发生断钎事故。防止方法是在坚硬多裂隙的岩石中使用十字合金钎头钻眼,以减少卡钎头、断钎杆事故。在软岩中钻眼时,由于轴推力过大,排粉不畅,也容易出现卡钎事故,应适当调整轴推力。

（3）钎杆质量不合格或使用过久造成疲劳,也容易出现断钎事故。防止方法是加强质量验收,杜绝不合格钎杆在井下使用。

使用旧钎杆时,发现钎子中心孔不正,偏离中心轴线,可能造成危险断面时,不准使用。

2. 掉钻头

(1) 钎头与钎杆连接处加工不合要求,接触不严。

(2) 钎头与钎杆连接处断裂。按钎头前,要检查钎杆连接尺寸及外观,要把钎头和钎杆的锥形部分擦干净,涂上黄油,然后按上钎头,在枕木上蹾紧。卸钎头时不能用大锤敲打。

3. 不排粉

钎头出水孔或钎杆中心孔堵塞。发现停水时应立即停止钻进,遇有软岩时适当降低推进速度,加大供水量或增加大压风量吹洗。

(五) 凿岩台车

凿岩台车的主要组成部分有:凿岩机及其推进器,钻臂及其变幅机构,车架及其行走机构,供电、供风、供水、液压系统等。

凿岩台车装有独立推进机构的推进器,保证产生所需的轴推力。凿岩机固定在托架上,沿推进器的导轨移动,见图11-1所示。

凿岩台车操作注意事项:

(1) 工作前要检查各部分连接件是否松动,有无缺损;对各润滑点注入所规定的润滑油,检查油箱中的油量,油液不得低于油箱高度的2/3。

(2) 开进工作面,将台车停在合适位置,使推进器顶尖在一次定车后,变换任何眼位都能顶在工作面岩石上,并用卡车器将台车定位。

(3) 开油泵风马达,使油压保持在5.5 MPa左右;开动凿岩机看运转是否正常。

(4) 选好眼位后,使推进器顶尖顶牢工作面,再开动凿岩机;开眼时凿岩机的冲击、回转和推进均以小功率工作,防止炮眼偏斜。

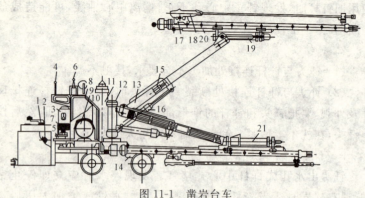

图 11-1　凿岩台车

1——行走控制器；2——电阻器；3——油泵风马达；4——多路换向阀；5——制动器；
6——风阀；7——联轴器；8——操作台；9——电机；10——减速器；11——固定气缸；
12——转注油缸；13——钻臂；14——车架；15——俯仰角油缸；16——升降油缸；
17——跑床；18——凿岩机；19——水平摆角油缸；20——补偿油缸；21——回转油缸

（5）凿岩时，应根据岩石情况控制推进器的推进力和推进速度。

（6）严禁在推进器没有顶牢的情况下悬臂作业，否则凿岩作业不稳定，会造成台车的损坏；每凿完一个眼，要将钎杆退出炮眼后，再凿下一个眼。

（7）发生夹钎时，要用手锤敲击钎杆，将马达反转往外拔钎。

（8）凿岩工作结束后，钻臂应收拢处于居中位置，便于台车行走，托架放平，卸掉风水胶管，并将其整理好，然后将其开出工作面。

二、湿式煤电钻钻眼安全操作

（一）湿式煤电钻

湿式煤电钻是旋转式钻眼设备，主要由电动机、减速器、水控系统、水密封和开关部分组成。煤电钻的质量、扭矩和功率比较小，适合在煤层和 $f \leqslant 4 \sim 6$ 的岩层中使用，在 $f < 3$ 的煤岩钻眼

时,可以手持推进。

（二）钻眼工具

湿式煤电钻使用的钻杆是螺旋形空心麻花钻杆,钻头为空心钻头。钻头由钻刃、钻翼及钻尾三部分组成。煤钻头的特点是钻翼长、翼口直径大、刃角小,两翼间留有较宽的开口;煤岩钻头的钻翼短、翼口直径小、刃角大。

（三）湿式煤电钻钻眼操作注意事项

（1）使用湿式煤电钻前必须进行全面检查,确认无问题后方可使用。

（2）必须轻拿、轻放,不得随意拉拖、乱扔。

（3）操作时只准一人推进,用力要均匀,不准上下左右摆动和用力过猛。当外壳发热到烫手时,必须停止工作。

（4）钻眼工作完成后,要先将钻杆拉出,然后停止转动。切断电源后,放在安全、干燥、通风良好的地方,盘好电缆并悬挂起来。

（5）使用时必须设有检漏、短路、过负荷、远距离启动和停止煤电钻的综合保护装置。所用电缆长度必须满足使用要求。

第二节　光面爆破

一、光爆原理

光面爆破是一种合理利用炸药能量的控制爆破技术。光爆原理分为周边眼同时起爆原理和以静压为主的光爆原理。

1. 周边眼同时起爆原理

当两炮眼同时起爆后,两眼产生的压缩应力波将在两空中间相遇,两压缩波波峰相互叠加、会和,形成拉伸变形波,产生拉应力 σ_1,从而使炮孔间形成贯通裂缝,崩落光面层岩体,达到光面层效果,见图 11-2 所示。

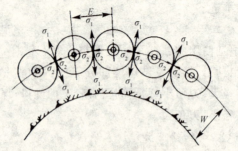

图 11-2　周边眼同时起爆原理示意图

2. 以静压为主的光爆原理

光爆是以静压—爆生气体膨胀压力为主,以动压—爆震冲击压缩波作用为辅,其原理为应力集中的预裂效应,如图 11-3 所示。当炮眼 A 起爆时,炮眼 B 相当于空眼,在两联线上造成应力集中而产生预裂裂缝;然后当 B 眼起爆时,将预裂裂缝扩大,伸展,形成贯通裂缝。眼距愈小,应力愈集中,预裂效果越好。

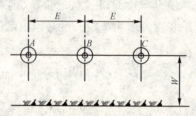

图 11-3　以静压为主的光爆原理示意图

静压拉应力区炮孔内的平均静压力合力,既要满足不压坏孔壁岩体,又要小于岩体的爆破抗压强度、还要等于或大于两炮眼连线间岩体的抗拉强度,从而将光面层岩体崩落,获得良好的光爆效果。

二、光面爆破的种类

1. 轮廓线光爆法

该种方法是沿巷道轮廓线打一排密集而不装药的炮眼,经相邻一排炮眼爆破后与巷道围岩切开。

2. 预裂爆破法

该方法是沿巷道轮廓线打一圈密集炮眼,采用低密度均匀分布的低威力炸药,首先引爆周边眼,使各炮眼间形成相互连通的破裂面,使主爆体与周围岩石分割开后,再爆破主爆体。

3. 普通光爆法

又称修边爆破法,与预裂爆破法相反,周边眼是在其他炮眼爆破后,最后起爆。根据巷道断面不同,施工方法又分为预留光面层光爆法和全断面一次起爆光爆法两种。前者多用于断面 12 m² 以上的巷道或硐室,后者多用于断面 12 m² 以下的巷道。所谓光面层,就是周边眼与周边眼内第一圈辅助眼之间的岩石。预留光面层光爆法,就是先用小断面超前掘进,而将顶部或顶、帮的光面层留下进行二次爆破,如图 11-4 所示。

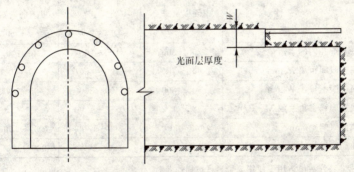

光面层厚度

图 11-4 预留光面层爆破

三、光面爆破的参数

光爆参数的选择主要是炮眼布置与装药量。光爆时掏槽眼与辅助眼基本相同,光爆与普通爆破的差别在于二圈眼和周边眼。二圈眼是确保光爆层厚度的重要参数,特别是松软岩层,应从二圈眼开始减少装药量,一般有"二圈周边三比一"的规律。周边眼一般布置在巷道的轮廓线附近。

1. 周边眼的眼距和最小抵抗线

周边眼的眼距和最小抵抗线的变化直接影响光面的效果,常以下式计算:

$$M = E/W$$

式中　M——炮眼邻近系数;

E——周边眼眼距,m;

W——周边眼最小抵抗线即光爆层厚度,m。

在爆破能量一定的条件下,如果周边眼眼距 E 过大,会造成欠挖。一般情况下,M 值在 $0.8 \sim 1.0$ 范围内效果最佳。周边眼眼距、炮眼装药量和最小抵抗线见表 11-1。

表 11-1　　　　　　　　　　光面爆破参数

岩　　性	整体性很好的中硬以上岩石 $f=8\sim10$	整体性较差的中硬以上岩石 $f=6\sim8$	裂缝发育中硬以上的岩石 $f=4\sim6$
每米炮孔内的半药量/g	$200\sim300$	$100\sim200$	$10\sim100$
周边眼间距离 E/mm	$600\sim700$	$400\sim600$	$300\sim400$
周边眼抵抗线 W/mm	$500\sim800$	$400\sim800$	$400\sim800$
周边眼线密集系数 $M=E/W$	$0.85\sim1.20$	$0.70\sim1.00$	$0.50\sim0.80$
辅助眼间距/mm	$600\sim1100$	$800\sim1300$	$1000\sim1500$
辅助眼抵抗线/mm	$400\sim800$	$700\sim1000$	$900\sim1200$

注:1. 表列数值适用于使用 2 号岩石铵梯炸药时。

2. 用预裂光爆时,周边眼间距应减小 $15\% \sim 30\%$,而每米装药量则应增大 15% $\sim 30\%$。

3. 用预留光爆层时,周边眼抵抗线可增大 $15\% \sim 30\%$。

4. 用延期雷管光爆时,周边眼间距要适当减小,每米装药量要适当增大。

2. 装药量

光爆周边眼应采用爆速较低、密度较小、感度高和爆轰稳定的低威力炸药。由于装药量对光爆效果影响很大,因此不同岩石应采用不同的装药量。

3. 装药结构

目前光面爆破的周边眼多选用小直径药卷,以保证装药后炮眼内药卷与眼壁间有合理的空隙,消除爆震裂缝,有效的保护围岩的稳定,达到光爆效果。选用炸药时可用不耦合系数(K)表示。一般选用 $K=1.5\sim2.5$,当 $K=2\sim5$ 时,光爆效果最好。

若没有小直径药卷,当炮眼深度在 2 m 左右时,也可用普通直径炸药。但应注意选择合适的装药结构。

光面爆破周边眼一般选用如图 11-5 所示的几种结构。

图 11-5(a)所示为小直径药卷连续反向装药结构,其特点是在普通直径炮眼中连续装入 25 mm 小直径药卷,药卷与炮眼间有较大的空气环行间隔,适用于炮眼深度 1.8 m 以下的光面爆破。

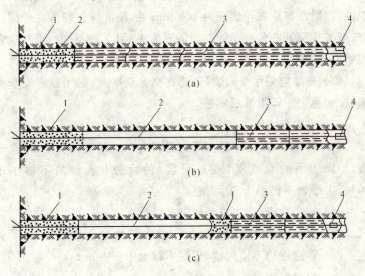

图 11-5 光回爆破周边眼装药结构

(a) 小直径药卷连续反向装药;(b) 单段空气柱式装药;(c) 单段空气柱式装药

1——炮泥;2——脚线;3——药卷;4——雷管

图 11-5(b)、(c)所示均为单段空气柱反向连续装药结构,其特点是眼口炮泥至药卷间留有空气柱。图 11-5(c)不同处是在药卷外端有一小段炮泥,可有效防止爆破时出现较多残眼的现象。两种装药结构均适用深度为 1.7～2.0 m 的光爆。

4. 周边眼起爆

周边眼可用瞬发电雷管或同一段毫秒电雷管起爆,只要周边眼起爆时差不大于 100 ms,其爆破效果就比较好。

四、光爆注意事项

(1)当工作面有软岩(煤)层或易冒落破碎的岩石时,可根据实际情况在周边打空眼,或适当将周边眼加密。

(2)光面爆破的眼位、眼深及其方向应力求准确。在硬岩中,周边眼眼口应在轮廓线上,眼底不宜超过轮廓线 100 mm;在软岩中,周边眼眼口应在轮廓线内 100 mm 处,眼底应正好落在轮廓线上,当工作面处在易冒落的破碎的软岩夹层(无瓦斯)时,可在软岩夹层上加打空眼,起导向作用。

(3)光爆应采用反向装药,若在高瓦斯矿井,必须制定安全措施,报矿总工程师批准后实施。

五、光爆标准

(1)眼痕率,眼痕率是指周边眼留有半边眼痕的长度(或总个数)与周边眼的总长度(或总个数)的百分比。硬岩不得小于 80%,中硬岩不得小于 60%。

(2)软岩巷道,周边成型应符合设计要求。

(3)岩面不能有爆震裂缝。

(4)巷道周边不应欠挖,超挖不得大于 150 mm。

六、起爆顺序

掏槽眼最先起爆,给辅助眼增加自由面;辅助眼在掏槽眼之后起爆,使自由面扩大;周边眼(位于巷道的四周,包括帮眼、顶眼、底眼)最后起爆,爆破后形成巷道轮廓,使巷道形状、几何参数符合设计要求。炮眼布置如图 11-6 所示。

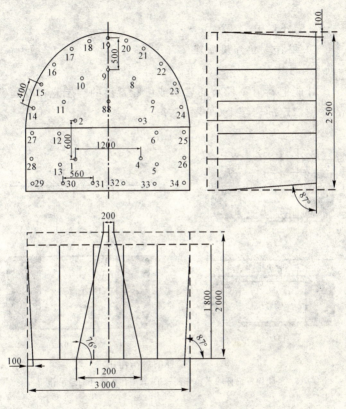

图 11-6　炮眼布置示意图

1~4——掏槽眼;5~13——辅助眼;25~28——帮眼;

14~24——顶眼;29~34——底眼

第三节　锚喷支护

一、锚杆支护

（一）锚杆支护作用原理

1. 悬吊作用

锚杆能把巷道不稳定的岩层或可能冒落的岩层悬吊在冒落拱外的坚硬稳定的岩层上（见图 11-7）。

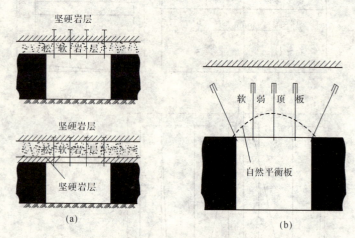

坚硬岩层

松软岩层

坚硬岩层

松软岩层

坚硬岩层

(a)

软弱顶板

自然平衡板

(b)

图 11-7　锚杆的悬吊作用

（a）坚硬顶板锚杆的悬吊作用；（b）软弱顶板锚杆的悬吊作用

2. 组合梁作用

在层状岩石的巷道顶板中锚杆打入围岩后，将薄弱岩层像"纳鞋底"一样铆合起来，成为一个整体，形成一个岩石板梁，锚杆打多深，就组成同等厚度的梁（见图 11-8）。

3. 加固拱作用

对于被纵横交错的弱面所切割的块状或破裂状围岩，如果及时用锚杆加固，就能提高岩体结构弱面的抗剪强度，在围岩周边一

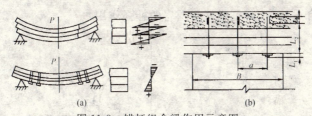

图 11-8　锚杆组合梁作用示意图

（a）叠合梁与组合梁的内力比较；（b）层状顶板锚杆组合梁

定厚度的范围内形成一个不仅能维持自身稳定，而且能防止其上部围岩松动和变形的加固拱，从而保持巷道的稳定。将锚杆以适当的间排距布置，使相邻锚杆的锥形体压缩带相叠加，便可形成连续压缩带（见图 11-9），即岩石加固拱，它使巷道围岩由"载荷"变成了"承载结构"。

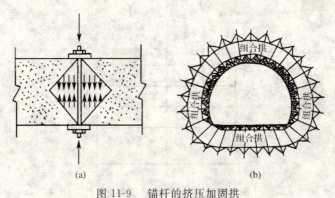

图 11-9　锚杆的挤压加固拱

（a）单体锚杆对破裂岩石的控制；（b）锚杆群的挤压加固拱

4. 围岩补强作用

巷道深部的围岩处于三向受压状态。靠近巷道周边的岩石处于二向受压状态，故容易破坏而丧失稳定（见图 11-10）。巷道周围安设锚杆后，岩石又部分地恢复了三向受压状态，增大了它本身的强度。另外锚杆还可以增加岩石弱面的抗剪能力，使围岩不易破坏和失稳,这就是锚杆对围岩的补强作用。

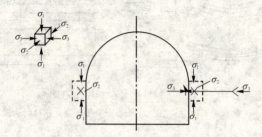

图 11-10　锚杆对围岩的补强作用

5. 减少跨度作用

巷道顶板打了锚杆,相当于在该处打了点柱,减少了顶板跨度(图 11-11),从而增加了顶板岩石的稳定性。

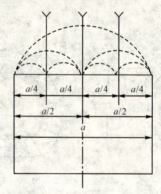

图 11-11　锚杆缩小悬顶跨度作用

(二)锚杆支护基本参数计算方法

锚杆支护参数的选择应结合围岩松动圈理论和工程类比法,按以下三种理论计算确定。

1. 按悬吊理论计算

(1)锚杆长度 L

$$L = L_1 + L_2 + L_3$$

式中　L_1——锚杆外露长度,mm;

　　　L_2——软弱岩层厚度,可根据柱状图确定,mm;

　　　L_3——锚杆深入稳定岩层深度,mm。

(2) 锚固力 N

可按锚杆杆体的屈服载荷计算:

$$N = \frac{\pi}{4} d^2 \sigma_{屈}$$

(3) 锚杆间排距

锚杆间距 D:

$$D \leqslant (1/2)L$$

锚杆排距 L_0:

$$L_0 = \frac{nN}{2K\gamma a L_2}$$

式中　n——每排锚杆根数;

　　　N——设计锚固力,kN/根;

　　　K——安全系数,取 $2 \sim 3$;

　　　γ——上覆岩层平均容重,取 24 kN/m^3;

　　　a——巷道掘进宽度之半,m。

2. 按自然平衡拱原理计算

(1) 确定参数

① 两帮煤体受挤压深度 C

$$C = (\frac{K\gamma HB}{1000 f_c K_c} \cos \frac{\alpha}{2} - 1) h \times \tan(45 - \frac{\varphi}{2})$$

式中　K——自然平衡拱角应力集中系数,与巷道断面形状有关
　　　　　矩形断面,取 2.8。

　　　γ——顶板岩层平均容重,取 24 kN/m^3;

　　　H——巷道埋深,m;

　　　B——固定支撑力压力系数,实体煤取 1;

　　　f_c——煤层普氏系数;

K_c——煤体完整性系数，$0.9\sim1.0$；

α——煤层倾角；

h——巷道掘进高度，m；

φ——煤体内摩擦角，可按 f_c 反算。

② 潜大冒落拱高度 b

$$b=\frac{(a+c)\cos\alpha}{K_y f_r}$$

式中　a——顶板有效跨度之半，m；

K_y——直接顶煤岩类型性系数，当岩石 $f=3\sim4$ 时取 0.45，$f=4\sim6$ 时取 0.6，$f=6\sim9$ 时取 0.75；

f_r——直接顶普氏系数。

③ 两煤帮侧压值 Q_s

$$Q_s=K_n C\gamma_煤\left[h\sin\alpha+b\cos\frac{\alpha}{2}\tan(45-\frac{\alpha}{2})\right]$$

式中　K_n——采动影响系数，取 $2\sim5$；

$\gamma_煤$——煤体容重，kN/m^3。

（2）顶锚杆

锚杆长度：

$$L=L_1+b+L_2$$

式中　L_1，L_2——锚杆外露长度和锚固端长度，m；

b——潜在冒落拱高度，m。

锚杆间距：

$$D\leqslant(1/2)L$$

锚杆排距：

$$L_0=\frac{nN}{2K\gamma ab}$$

式中　n——顶板每排锚杆根数；

N——每根锚杆锚固力，KN；

K——安全系数，取 $2\sim3$；

γ——顶板岩石容重,kN/m³;

a——巷道掘进跨度之半,m。

（3）煤帮锚杆

锚杆长度：

$$L = L_1 + C + L_2$$

锚杆间距：

$$D = \frac{Nh}{L_0 K Q_s}$$

式中　N——设计锚杆锚固力,MPa;

K——安全系数,取 2~3;

L_0——煤帮锚杆排距,同顶板排距;

Q_s——两帮侧压值,kN。

3. 按组合梁原理计算

（1）锚杆长度

$$L = L_1 + L_2 + L_3$$

式中　L_1,L_3——锚杆外露长度和锚固端长度,m;

L_2——组合梁自撑厚度,m;

$$L_2 = 0.612B \times \frac{K_1 P}{\varphi(\sigma_1 \sigma_x)} \times \frac{1}{2}$$

K_1——与施工方法有关的安全系数。掘进机掘进:2~3,爆破法掘进:3~5,巷道受动压影响:5~6;

P——组合梁自重均布载荷,MPa;

φ——与组合梁层数有关的系数,组合层数为 1、2、3、大于或等于 4,φ 值为 1.0、0.75、0.7、0.65;

B——巷道跨度,m;

σ_1——最上一层岩层抗拉计算强度,可取试验强度的 0.3~0.4 倍,MPa;

σ_x——原岩水平应力,$\sigma_x = \lambda \gamma z$,MPa;

λ——侧压力系数,一般为 $0.25\sim0.4$;

Z——巷道埋深,m。

(2)锚杆间距

对以上所选锚杆长度,还须验算组合梁各岩层间不发生相对滑动,并保证最下面一层岩层的稳定性。

$$D\geqslant63m_1\times\frac{\sigma_1}{KP'}\times\frac{1}{2}$$

式中　m_1——最下面一层岩的厚度,m;

K——安全系数,取 $8\sim10$;

P'——本层自重均布载荷,$P'=\gamma_1 m_1$,MPa;

γ_1——最下面一层岩层的容重,kN/m^3。

(3)锚杆的锚固力、排距参数计算同悬吊原理。

(三)各种锚杆的适用范围

1. 锚杆种类

(1)按锚固方式分类,可分为机械式、黏结式及混合式。靠锚固装置提供锚固力的机械式锚杆分楔缝式、倒楔式和涨壳式等;靠杆体摩擦提供锚固力的锚杆分为管缝式和水力膨胀式。黏结式锚固锚杆分为树脂、快干水泥、水泥砂浆等类型。混合式锚固锚杆,是两种或两种以上的锚固方式混合使用。

(2)按杆体材质分类,可分为金属锚杆、非金属锚杆及复合型锚杆。金属锚杆杆体有圆钢锚杆、螺纹钢锚杆、柔性锚杆等;非金属锚杆有木锚杆、竹锚杆及玻璃钢锚杆等属于可切割锚杆;复合型锚杆由金属和非金属材料复合而成,如尾部带金属螺纹段的复合玻璃钢锚杆。

(3)按杆体强度分类,可分为低强度锚杆、中等强度锚杆、高强度锚杆和强力锚杆。

2. 各种锚杆适用范围

(1)木锚杆、竹锚杆,由于初锚力低、锚固力低、预紧力小、服务时间短等缺点,目前已被淘汰。

(2)金属楔缝式、倒楔式和涨壳式锚杆,初锚力低、预紧力小、加工复杂、安装不方便,只适用于地质条件简单、地应力小、服务时间短的巷道。

(3)砂浆锚杆,初锚力低、预紧力小,适用于服务时间短的开拓巷道。

(4)管缝式锚杆,锚固力低、预紧力小、服务时间短,适用于地质条件简单、地应力小及服务时间短的开拓巷道。

(5)树脂锚杆,初锚力高、预紧力大、锚固力高、操作方便,适用于各类围岩、煤层、各种用途的巷道。

(6)预应力锚索,锚固力极大、安装应力极大,适用于加固极复杂地质条件的岩石、煤层、各种用途的巷道及硐室。

(四)锚杆杆体及配套材料的质量要求

锚杆支护材料中的杆体及附件、树脂锚固剂必须取得煤矿安全标志方可使用;出厂产品必须有合格证和产品标志。材料性能指标应满足:屈服载荷 $\sigma_屈$ 为 $235\sim500$ MPa,延伸率 $\delta\geqslant17\%$。杆体尾部螺纹应采用滚丝工艺加工,必要时采取强化热处理措施,尾部螺纹破断力不得低于杆体破断力。非等强锚杆必须用杆体承载力最低处作为设计依据。锚杆托盘应优先选用碟形托盘,其中心孔壁应加工成球面形以利于与球面螺母相配套。任何形式的托盘,其三点支撑抗压强度不低于锚杆设计锚固力。托盘与螺母间必须有球形垫及减摩垫片。

(五)锚杆、锚索支护的施工方法

1. 锚杆支护的施工方法

(1)钻锚杆眼。钻眼必须按照设计的眼位、眼深与角度施工。

(2)装树脂锚固剂。按设计要求的树脂锚固剂型号、数量、顺序,依次装入钻孔内。

(3)插入杆体。锚杆杆体套上托盘并带上螺母,杆尾通过安装器与锚杆钻机机头连接,杆体锚固端插入已装好锚固剂的钻孔内,升起锚杆钻机,利用杆体将孔口处的树脂锚固剂送入孔底。

(4) 搅拌树脂锚固剂。利用锚杆钻机带动锚杆杆体旋转搅拌树脂锚固剂。搅拌时间按树脂锚固剂的类型与技术要求严格控制,搅拌要连续进行,中途不能停顿。停止搅拌后,不能落下钻机,根据树脂锚固剂的类型等待一定时间。

(5) 拧紧螺母施加预紧力。等待时间满足要求后,可启动锚杆钻机拧紧螺母,压紧托盘,然后用扭矩扳手、扭矩放大器等设备对锚杆施加预紧力。

2. 锚索支护施工方法

锚索应紧跟掘进工作面及时安装。锚索施工方法为定锚索眼位,钻锚索孔、清孔,装树脂锚固剂,用锚索头部顶住树脂锚固剂并送入孔底,升起钻机并用搅拌器连接钻机和锚索尾部,开动钻机搅拌树脂锚固剂至规定时间,停止搅拌后,不能落下钻机,根据树脂锚固剂的类型等待一定时间。等待时间满足要求后,落下钻机,卸下搅拌器,再等待 10~15 min,按上托盘及锚具,用张拉设备张拉锚索到设计预紧力。

二、喷射混凝土支护

(一) 喷射混凝土支护作用原理

(1) 喷射混凝土支护具有良好的物理力学性能,特别是抗压强度较高,因此能起到支撑作用。又因其中掺有速凝剂,使混凝土凝结快,早期强度高,紧跟掘进工作面起到及时支撑围岩的作用,可有效控制围岩的变形和破坏。

(2) 由于喷射速度很高,混凝土能及时充填围岩的裂隙、节理和凹穴,大大提高了围岩的强度。

(3) 混凝土喷层封闭了围岩表面,完全隔绝了空气、水与围岩的接触,有效地防止了风化潮解而引起的围岩破坏与剥落;同时由于围岩中充填了混凝土,使裂隙深处原有的充填物不致因风化作用而降低强度,也不致因水的作用而使原有的充填物流失,使围岩保持原有的稳定性和强度。

(4) 喷射混凝土的黏结力大,同时喷层较薄,具有一定的柔性,它既能和围岩黏结在一起产生一定量的共同变形,使喷层中的弯矩大为减小,又能对围岩变形加以控制。

(二) 喷射混凝土的物理力学性能

混凝土喷层得到连续冲实和压密,具有良好的物理力学性能;喷射混凝土能随巷道掘进及时施工,能控制围岩的过度放松和松弛。喷射混凝土主要力学指标见表11-2。

表 11-2　　　　　　　　喷射混凝土主要力学指标

项　目	指　标	备　注
抗压强度/MPa	20~30	采用 500 号普通硅酸盐水泥,配合比为 1∶2∶2 或 1∶2.5∶2,潮湿养护28~45 d,再自然养护150 d
抗拉强度/MPa	1.4~3.5	
抗折强度/MPa	4.0~6.0	
收缩率/%	$(8\sim6)\times10^{-4}$	

(三) 喷射混凝土材料质量及技术要求

(1) 河沙的质量及技术要求:应采用坚硬清洁的中、粗沙,泥土杂物含量不大于 3%~5%;硫化物和硫酸盐含量不大于 1%;云母含量不大于 2%;轻物质含量不大于 1%。

(2) 水泥的质量及技术要求:优先选用普通硅酸盐水泥,水泥标号不得低于 400,过期或受潮、结块的水泥不得使用。

(3) 粗骨料采用坚硬耐久的卵石、碎石以及陶粒(过火的矸石)。卵石粒径不大于 25 mm,碎石和陶粒的粒径不大于 20 mm,使用碱性速凝剂时,不得用含有活性二氧化硅的岩石作粗骨料。为了减少回弹量,粗骨料粒径以 5~10 mm 的碎石为宜。

(4) 水的质量及技术要求:水中不应含有影响水泥正常凝结与硬化的有害杂质,pH 值小于 4 的酸性水和硫酸盐含量按 SO_3

超过水重1%的水均不得使用。

（5）速凝剂的质量及技术要求：必须是经过国家鉴定的产品；掺量一般为水泥重量的 2%～4%，使用前应做速凝效果试验，过期和变质的速凝剂不能使用。

（四）混凝土配比、水灰比及速凝剂掺入量对混凝土强度的影响

（1）混凝土配合比对混凝土强度的影响：合理的配合比是保证混凝土强度的重要因素。当前常用 200 号混凝土强度其配合比为水泥∶河沙∶碎石＝1∶2∶1.5～2，喷墙碎石可多一些，喷拱可少些，碎石粒径不超过 25 mm 为宜。

（2）水灰比对混凝土强度的影响：一般水灰比均以 0.43～0.5 为宜。混凝土表面平整，黏结性好、石子分布均匀、强度高，与岩石黏结强，回弹、粉尘小。

（3）速凝剂掺入量对混凝土强度的影响：掺速凝剂的主要目的是使混凝土早凝早强，防止喷射时因重力作用，引起喷层坠落，一般掺量为水泥重量的 2 %～4 %为宜。掺入量过多，延长凝固时间，起不到速凝作用，而且还降低后期混凝土强度；过少不起速凝作用。

（五）影响速凝剂凝速的因素

1. 温度对速凝剂凝速的影响

速凝剂在不同温度下试验，在掺量相同的情况下，温度降低，凝速减慢；温度高，凝速快，所以温度降低，掺量要适当增加。

2. 水泥风化程度对速凝剂凝速的影响

水泥风化程度对速凝剂速凝效果影响很大，新鲜水泥速凝效果最好，严重风化水泥会使速凝剂不能发挥作用，因此，尽可能使用新鲜水泥。同时要注意水泥的储存和保管，不能使用过期水泥。

3. 速凝剂受潮后对速凝效果的影响

速凝剂的吸湿性强，在相对湿度为 80% 的空气中敞开放置 3 d，烧失量由 16.17% 增加到 33.09%，速凝剂效果显著降低，因此，速凝剂应密封在塑胶袋中,不得随意抽走塑胶袋。

复习思考题

1. 风动凿岩机操作注意事项有哪些?
2. 如何处理卡钎、断钎事故?
3. 凿岩台车操作注意事项有哪些?
4. 湿式煤电钻钻眼操作注意事项有哪些?
5. 简述光面爆破的原理?
6. 光面爆破的种类有哪些?
7. 光面爆破的标准有哪些?
8. 什么是锚杆支护的悬吊作用?
9. 简述锚杆支护的施工方法?
10. 喷射混凝土支护的作用原理有哪些?
11. 速凝剂掺入量对混凝土强度有哪些影响?

第十二章　锚喷工高级工相关知识

第一节　爆　破　知　识

一、炸药的爆炸作用

炸药爆炸时对周围介质(例如岩石)的各种机械作用统称为爆炸作用。炸药的爆炸作用可分为两部分:利用炸药爆炸产生的冲击波形成的破坏作用称为动作用,以炸药的猛度表示,其大小取决于炸药的爆速;利用炸药的爆炸气体产生的静压或膨胀做功形成的破坏作用称为静作用,以炸药的爆力来表示,其大小取决于炸药的爆热。

一般认为,炸药爆炸破坏岩石是冲击和膨胀共同作用的结果。在脆性岩石中冲击作用的破坏起主导作用;在韧性岩石中膨胀作用起主导作用,因此就有"脆性岩石不吃药,韧性软岩吃药多"和"炸药吃硬不吃软"之说。

二、炸药爆炸的性质指标

煤矿许用炸药可分为煤矿铵梯炸药、煤矿水胶炸药、煤矿乳化炸药和离子交换型安全煤矿炸药等。

(一)威力

是指炸药具有的总能量。一般用炸药的做功能力表示炸药的威力,而做功能力则与炸药爆炸后所产生的爆热有关,爆热增大则威力增大。

（二）猛度

猛度是指爆炸瞬间所产生的爆炸产物直接对相接触的固体介质的破碎能力。这种破碎能力主要是靠产生爆压的直接冲击，因此爆压越大，猛度越大。

（三）爆速

爆速是指炸药爆轰时，爆轰波沿着炸药柱稳定传播的最高速度（m/s）；它是炸药主要性质指标之一。在一定条件下，它又是衡量单位质量炸药爆破能力大小的指标。影响爆速的因素很多，与药柱直径、装药密度等有关。爆速随装药密度增大而增大；但是密度超过一定值，爆速是随装药密度增大而减小的；到一定临界密度时，就会出现拒爆，即所谓"压死"现象。

（四）殉爆

殉爆是炸药爆炸时，引起与它不相接触的邻近炸药爆炸的现象。它反映了炸药对冲击波的敏感度。第一支药卷爆炸后，引爆了被殉爆药卷的最大距离称为殉爆距离。如果在可殉爆距离内存在沙土等密实介质，则殉爆距离将明显下降。因此，井下装药时，炮眼内岩粉应掏净，否则就可能造成不殉爆现象。

三、爆破作业安全

（一）装配起爆药卷

装配起爆药卷是把电雷管装入药卷顶部，制成起爆药卷的作业过程。装配起爆药卷必须按下列要求进行。

1. 装配地点的选择

装配起爆药卷必须在顶板完好、支架完整、避开电气设备和导电体的爆破工作地点附近进行，严禁坐在爆破材料箱上装配起爆药卷。在有杂散电流的地点装配起爆药卷时，必须坐在绝缘胶垫上，并将扭结短路的雷管脚线用绝缘胶布包好。

2. 电雷管的抽取

从成束的电雷管中抽取单个电雷管时，不得手拉脚线硬拽管体,也不得手拉管体硬拽脚线,应将成束的电雷管顺好,拉住前端脚线将电雷管抽出。抽出单个电雷管后,必须将其脚线扭结成短路。

3. 装配起爆药卷的方法

(1) 扎空装配法。用一根直径略大于电雷管直径的尖端木棍或竹棍,在药卷顶部的封口处扎一圆孔,将电雷管全部装入药卷中,然后用电雷管脚线将药卷缠住,以便把电雷管固定在药卷内,还必须扭结电雷管脚线末端。

(2) 启口装配法。先打开药卷顶部封口,用竹、木棍在药卷中央扎孔,将电雷管全部装入药卷,用电雷管脚线把封口扎住,还必须扭结电雷管脚线末端。

《煤矿安全规程》规定:电雷管只许由药卷的顶部装入,不得用电雷管代替竹、木棍扎孔;电雷管必须全部装入药卷内;严禁将电雷管斜插在药卷中部或捆在药卷上。

(二) 装药

1. 装药前的准备工作

在装药前,应该对爆破地点的通风、瓦斯、煤尘、顶板、支护等进行全面检查。有下列情况之一时严禁装药:

(1) 采掘工作面的控顶距不符合作业规程的规定,或者支架有损坏,或者伞檐超过规定。

(2) 在装药地点附近 20 m 以内风流中瓦斯浓度达到 1% 及以上。

(3) 在装药地点附近 20 m 以内,矿车,未清除的煤、矸或其他物体堵塞巷道断面 1/3 以上。

(4) 炮眼内发现异状、温度骤高骤低、有显著瓦斯涌出、煤岩松散、透老空区等情况。

(5) 采掘工作面风量不足。

在有煤尘爆炸危险的煤层中,掘进工作面爆破前,附近 20 m

的巷道内,必须洒水降尘。

2. 装药工作

(1) 必须用掏勺或压缩空气吹眼器清除炮眼内的煤、岩粉,防止煤岩粉堵塞,使药卷不能密接或装不到眼底。

(2) 装药时要用木棍或竹质炮棍将药卷轻轻推入,不得冲撞或捣实。炮眼内的各药卷必须密接。

(3) 装炮泥时,最初的两段应慢用力,轻捣动,以后各段必须用力——捣实。装水泡泥时,水泡泥外剩余的炮眼部分,应用黏土炮泥或不燃性的、可塑性松散材料制成的炮泥封实。

(4) 装药后,必须把电雷管脚线末端悬空,严禁电雷管脚线、爆破母线同运输设备及采掘机械等导电体相接触。

(5) 不到连接母线时,已扭结在一起的脚线端部不得拆开,防止触电。

(三) 联线工作

(1) 爆破母线连接脚线,检查线路的通电情况,只准爆破工一人操作,无关人员都要撤到安全地点。

(2) 联线前,联线人员必须认真检查瓦斯浓度、顶板、两帮、工作面煤壁及支架情况,确认安全方可联线。

(3) 联线时,联线人员必须把手洗净擦干,以免增加接头电阻和影响接头导通,然后把电雷管脚线解开,刮净接头,进行脚线间的连接。

(4) 电雷管脚线间的连接完成后,再与联接线连接。

(四) 爆破

(1) 爆破前,班组长必须亲自布置专人,在警戒线和可能进入爆破地点的所有通路上担任警戒工作。警戒处应设置警戒牌、栏杆或拉绳等标志。

(2) 爆破前,班组长必须清点人数,确认无误后,方可下达起爆命令。

（3）当班的炮眼必须当班爆破完毕。如果留有尚未爆破的装药炮眼，必须向下一班爆破工现场交代清楚情况。

（4）爆破作业时应严格执行"一炮三检制"和"三人联锁放炮制"。

四、爆破事故的预防及处理

（一）早爆的原因及预防措施

1. 早爆的原因

（1）杂散电流的影响。

（2）静电的影响。

（3）雷管脚线或爆破母线与动力线或照明交流电源一相接触，另一相接地。

（4）雷管脚线或爆破母线与漏电电缆接触。

（5）雷管受到煤、岩或硬质器材的意外撞击、挤压。

2. 早爆的预防措施

（1）在杂散电流大的地点作业时，要严防雷管脚线和爆破母线的裸露部分不得与轨道、金属管、金属网、钢丝绳、潮湿的煤岩壁、刮板输送机等导电体相接触；加强爆破母线的检查，发现破损的地方及时修补，脚线的一头应悬空，爆破母线的一端随时短路扭结。

（2）加强杂散电流的检查，当工作面附近杂散电流大于 30 mA 时，作业人员应站在绝缘胶垫上进行装配起爆药卷和连线工作。

（3）加强井下机电设备和电缆的维护和检修。

（4）接触爆破材料的人员严禁穿化纤衣服，爆破材料要装在规定的容器内。

（5）存放爆破材料或装配起爆药卷的地点，必须顶板完整、安全可靠。严禁乱扔雷管、炸药。

（二）拒爆的预防措施及处理方法

1. 拒爆的预防措施

（1）经常检查发爆器具，保持其良好性能。发爆器、爆破母线要执行专人使用、专人保管。

（2）实行雷管测试和炸药检查验收制度，不合格的不领取，不使用雷管箱内的旧雷管或不同批号、不同型号的雷管。

（3）按炸药的正确操作方法进行装药。装药时要用木质或竹质炮棍，不能用金属物品代替。

（4）做好爆破前的检查工作，尤其是对连接网络、发爆器和爆破母线做认真检查。

2. 拒爆的处理方法

（1）通电后全网络拒爆时，爆破工必须先取下钥匙，并将爆破母线从发爆器上摘下，扭结成短路，再等一段时间（使用瞬发电雷管时，至少等 5 min；使用延期电雷管时，至少等 15 min），才能沿线路检查，找出拒爆的原因。

（2）处理拒爆时，必须在班组长指导下进行，并应在当班处理完毕。因雷管桥丝折断或装有不导通的雷管时，可采用中间并联法进行处理。如果未能处理完毕，必须向下一班爆破工现场交代清楚情况。

（3）处理部分或单个炮眼拒爆时必须遵守下列规定：

① 由于连线不良造成的拒爆，可重新连线起爆。

② 在距拒爆炮眼 0.3 m 以外另打与拒爆炮眼平行的新炮眼，重新装药起爆。

③ 严禁用镐刨或从炮眼中取出原放置的起爆药卷或从起爆药卷中拉出电雷管。不论有无残余炸药，严禁将炮眼残底继续加深；严禁用钻眼的方法往外掏药；严禁用压风吹拒爆（残爆）炮眼。

④ 处理拒爆的炮眼爆炸后，爆破工必须检查炸落的煤矸，收集未爆的电雷管。

⑤ 在拒爆处理完毕前，严禁在该地点进行与处理拒爆无关的工作。

（三）残爆和爆燃的预防措施

（1）采取合理的装药方法。

（2）装药前，必须用掏勺或压缩空气吹眼器清除炮眼内的煤、岩粉。

（3）加强对炸药的检查和管理，不使用超期或变质的炸药。

（4）装药时不要用炮棍捣实炸药。

（四）缓爆的原因及预防措施

1. 缓爆的原因

由于起爆能力不足、炸药变质、装药密度过大或过小等原因，有的炮眼炸药被激发后，不是立即起爆，而是先以较慢的速度燃烧，在热量和压力逐渐积聚、升高到一定温度后，由燃烧转为爆轰。

2. 缓爆的预防措施

通电以后装药炮眼不响时，必须再等一段时间（使用瞬发电雷管时，至少等 5 min；使用延期电雷管时，至少等 15 min），才能沿线路检查，找出缓爆的原因，进行处理。同时，一定要选择质量好的炸药；起爆器要充电充足；装药要按规定进行。

五、毫秒爆破

毫秒爆破又称微差爆破，是指利用毫秒雷管或其他毫秒延期装置，使成群的药包以毫秒级的时间间隔，控制炮眼按时间顺序先后分组起爆的方法。

（一）毫秒爆破的优点及破岩机理

毫秒爆破具有爆破岩块均匀，炮眼利用率高，两帮震动小，巷道成型好等优点。其破岩机理如下：

（1）应力波作用。由于爆破间隔时间段的存在，后爆药包起爆时，前爆药包爆炸时在岩体中形成的应力波尚未消失，从而产生应力叠加，提高破碎效果，使爆破下来的岩块小而均匀。

（2）残余应力作用。先爆药包激起的爆炸应力波在炮眼周围产生径向裂缝向外扩展，应力波遇自由面反射成拉伸波，使初始裂缝在张应力作用下继续发展,其后爆生气体渗入裂缝,使岩石处于预应力状态,后爆药包若在此时爆炸,就可利用岩体内已形成的预应力,加强对岩体的破碎。

（3）自由面作用。先爆药包爆炸后已形成爆破漏斗,增添了新的自由面。

毫秒爆破使相邻装药以毫秒间隔起爆,使爆破地震效应在时间和空间上都错开,等于减弱相邻装药的单独作用,使地震效应大大降低,和瞬发爆破相比,毫秒爆破的地震效应可降低 $30\% \sim 70\%$,爆破后围岩稳定,顶板易于管理。

（二）毫秒爆破的安全措施

（1）加强采掘工作面的瓦斯检查,严格执行“一炮三检”制度,瓦斯浓度达到 1% 及以上时,严禁装药爆破。

（2）煤矿许用毫秒电雷管总延时时间必须控制在 130 ms 以内。

（3）毫秒爆破,无论是正向装药还是反向装药都应装填水泡泥,封泥长度必须符合规程的要求,严防“打筒子”、炮眼喷火。

（4）电雷管使用前必须导通测试全电阻值并要分组;爆破工要熟记电雷管的段别标志,防止装错。

（5）采用毫秒爆破时,掘进工作面应全断面一次起爆,不能全断面一次起爆的,必须采取安全措施。

（6）相邻炮眼的距离不得小于 0.4 m;一次爆破的雷管数应根据通风、顶板、运输能力等情况确定。

六、爆破图表

根据《煤矿安全规程》要求,爆破图表必须符合下列要求:

（1）炮眼布置图必须标明采煤工作面的高度和打眼范围或掘进工作面的巷道断面尺寸,炮眼的位置、个数、深度、角度及炮眼编号,并用正视图、平视图和左视图表示。

（2）炮眼说明表必须说明炮眼的名称、深度、角度,使用炸药、雷管的品种、装药量、封泥长度、连线方法和起爆顺序。

(3) 必须编入采掘作业规程,并根据不同的地质条件和技术条件及时修改补充。

除《煤矿安全规程》规定的内容外,爆破图表还应包括预期爆破效果表、炮眼利用率、循环进度和炮眼总长度、炸药和雷管总消耗及单位消耗量。

七、作业循环图表

在巷道掘进过程中,包括主要工序(破岩、装岩、临时支护和永久支护)及辅助工序(通风、铺轨和延长管线等)。这些工序是按一定顺序周而复始进行的,故称为循环作业。为了组织施工,将循环作业以图表形式表示出来,即将一个循环中各工序的工作持续时间、先后顺序及相互衔接的关系,周密地用图表形式固定下来,一环扣一环地进行操作。

第二节　掘进机施工工艺及安全操作要求

一、掘进机掘进工艺

掘进机截割程序是,首先在工作面进行掏槽,掏槽位置一般是在工作面的下部。开始时机器逐步向前移动,截割头截入工作面煤或岩石一定的深度(截深),然后停止机器移动。操纵装载机构的铲板紧贴工作面作为前支点,机尾的稳定器也同样贴紧底板作为后支点,提高机器在截割过程中的稳定性。最后再摆动悬臂截割头截落整个巷道的煤或岩石。截割头在巷道工作面上移动的路线,称为截割程序。显然,截深和截割程序都直接影响机器的截割效率。

(一)截割深度

截割深度浅,落煤量少,掘进机挪动次数多,掘进巷道所用时间长,截割效率低;截割深度大,落煤效果不好。煤硬时,在未截到处煤落不下;煤软时,垮落面积大,易出现严重超挖现象,使支架受力不好,不易维护。最佳截割深度应根据所使用掘进机的类型、煤岩的性质、顶板状况、支架棚距的规定,并在现场通过反复进行实测,通过落煤效果和截割时间来确定。

（二）截割程序

悬臂式掘进机的截割程序由作业规程规定,一般应根据巷道断面煤岩的性质及分布情况,按照有利于顶板维护,有利于钻进开切,截割阻力小,工作效率高,避免出现大块,有利于装载运转的原则确定截割程序。

正确的截割程序为:对于较均匀的中等硬度煤层,采取由下向上的程序;对于半煤岩巷道,采取先软后硬,沿煤岩分界线的煤侧钻进开切,沿线掏槽的程序;对于层理发育的软煤,采取中心开钻,四面刷帮的程序;对于硬煤,为少出大块,应自上而下截割;对于松软破碎的顶板条件,采取适当留顶煤的方法;对于需要超前支护的破碎顶板,采取先截割四周的方法。

（三）整机转弯掘进

采用整机转弯掘进可以避免调向时拆掉转载机,也可以避免因炮掘而影响正常掘进,缩短搬家时间。在整机转弯掘进时,步距要小些,关键是维护好顶板。必须架设大抬棚,待机器转过巷道后,应将棚架跨度及时缩小到原设计规格要求。司机操作时要小心谨慎,避免撞到棚子,造成冒顶事故。

二、掘进机的安全使用

（一）《煤矿安全规程》对掘进机的规定

（1）掘进机必须装有只准以专业工具开闭的电气控制回路开关,专用工具必须由专职司机保管。司机离开操作台时,必须断开掘进机上的电源开关。

（2）在掘进机非操作侧,必须装有能紧急停止运转的按钮。

（3）掘进机必须装有前照明灯和尾灯。

（4）开动掘进机前,必须发出警报。只有在铲板前方和截割臂附近无人时,方可开动掘进机。

（5）掘进机作业时,应使用内外喷雾装置。内喷雾装置的使用水压不得小于 3 MPa,外喷雾装置的使用水压不得小于 1.5 MPa。如果内喷雾装置的使用水压小于 3 MPa 或无内喷雾装置,则必须使用外喷雾装置和除尘器。

（6）掘进机停止工作和检修以及交班时,必须将掘进机截割头落地,并断开掘进机上的电源开关和磁力启动器的隔离开关。

（7）检修掘进机时,严禁其他人员在截割臂和转载桥下方停留或作业。

（二）掘进机启动前的准备工作

（1）掘进工作面到永久支护之间的临时支架支护应完好;没有空顶,在工作面采取护帮措施,以防止发生冒顶和片帮事故。

（2）掘进工作面通风应良好,瓦斯浓度不得超限。水源充足,棚料与转载设备准备就绪。

（3）检查机器各处的连接螺栓、螺钉是否松动;截齿是否完整,遇有崩裂、严重磨损或失落情况,要及时更换。同时要检查齿座的完好状况。

（4）检查铲板、装载刮板链、耙爪是否完好,装载机构的运转是否正常。

（5）检查行走机构的履带张力是否合适,履带板、销轴、套筒、销钉等是否完好,履带滚轮、支承轮的转动是否灵活。

（6）各减速器、液压缸及油管有无漏油、缺油现象,并按规定注油。

（7）电缆、水管、喷雾降尘装置是否正常。

（三）掘进机安全操作注意事项

（1）掘进机司机必须经过专业培训持证上岗,专人操作。

（2）开机前,必须发出警报,确保机器周围的危险区内无人后方可开机。

（3）掘进机工作前要及时撤离一切无关人员；掘进工作过程中，要密切注意围岩情况及机器运转情况，若发现异常应立即停止工作，查明原因，及时处理。

（4）掘进机严禁带载启动，应在截割头启动旋转的情况下再进行截割。工作时应打开降尘系统，及时降尘。截割头在最低工作位置时（如底部掏槽、开切扫底、挖柱窝、挖水沟等），严禁抬起装载铲板。掘进机在后退、右转或左转时，必须抬起装载铲板，以免发生意外或损坏机器。装载大块煤矸时，应先进行人工破碎，不准用刮板输送机强拉，以免损坏设备。

（5）开始截割时，应使截割头慢速靠近煤岩，当达到截深后（或截深内）所有截齿与煤岩接触时，才能根据负荷情况和机器的振动情况加大进给速度。截割速度应与装载能力相适应。

（6）当需要调速时，要注意速度变化的平稳性，以防止冲击。

（7）截割头横向进给截割时，必须注意与前一刀的衔接，应一刀压一刀地截割，重叠厚度以 150～200 mm 为宜。

（8）掘进机在前进或后退时，必须注意前后左右人员和自身的安全，不要碰到人或挂倒棚子。同时注意防止轧坏电缆。

（9）无冷却水时不得开机。严禁手持水管站在截割头附近喷水，以防发生事故。

（10）一旦发生危急情况，必须用紧急停止开关立即切断电源。

（11）截割头可以伸缩的掘进机，前进截割和横向截割，都必须使截割头在缩回的位置进行。截割头必须在旋转中钻出，不得停止外拉。

（12）机器较长时间停用时，必须断开隔离开关。断电之前一定要将截割头放置于底板上。

（13）严格执行《煤矿安全规程》的各项规定。

（14）掘进机在工作中要加强地质测量，及时给出中、腰线，防止掘进机"爬坡"、"啃底"、"偏帮"，确保巷道施工的质量。

（四）掘进机在复杂地质条件下的操作方法

（1）掘进机由平巷进入 15°以下的上山时，截割头割煤时，应稍高于铲板前沿，进一刀后，铲板稍抬起前进，逐步把底板升高，以适应上山的需要；进入大于 15°上山时，如果超过机器本身的截割高度，可将机器退回 6～7 m，将机器前用木板垫高，然后将机器开到木板上，使机器前部抬高进行截割。每进一刀都要调整垫板一次，直至达到规定的坡度，再撤去垫板。

（2）掘进机由平巷进入小于 15°下山截割时，应下放铲板，截割头卧底截割。当下山坡度超过机器卧底的性能时，可以利用后支撑在机器后部履带下加垫板，使机器在前低后高的状态下工作，以便增加卧底功能进行截割。

（3）过断层时，应根据预见断层位置，提前一定距离调整坡度，按坡度线上坡或下坡掘进，以便过渡到煤层。

（4）有淋水、涌水、积水时，先把掘进机遮盖好，同时要检查电器绝缘情况，保证安全运转。下坡掘进涌水或淋水大时，要勤清铲板两侧的浮煤，机器不平要垫木板。临近巷道有积水时，要提前泄放积水。

（五）掘进机维修与保养要求

（1）坚持执行掘进机的维修与保养制度，严格按照《煤矿安全操作规程》规定进行；

（2）对掘进机的检修包机定人，实行计划检修与强检修相结合的办法；

（3）每天对掘进机的要害部位指定专人检查，易松动部位要及时检查坚固；

（4）按照注油六定（定人、定机、定时、定量、定质、定位）进行润滑管理，定期更换截割头减速箱齿轮油；

（5）掘进机工作中发现异常现象时,应立即停机处理,以免出现大的机械事故;

（6）要加强对电气设备检修,杜绝失爆。

（六）掘进机常见事故的原因及预防措施

由于掘进工作面比较狭窄,而掘进机体积又较大,工作时前后、左右、上下都有动作,很容易引起伤人事故。该类事故状况及相应的预防措施有以下 4 种。

（1）掘进机移动时,司机没有发出信号,或者其他人员误操作,而挤伤在场工作人员,或挤坏电缆、水管、支架等。

安全预防措施:严格执行《煤矿安全规程》规定;司机必须经过严格培训,考试合格后方可上岗操作;掘进机必须用专用工具开闭电气控制开关,专用工具必须由司机保管;司机离开操作台时必须断开电气控制开关和掘进机上的隔离开关,以防止其他人员误操作掘进机;掘进机调车时必须发出信号,特别是后退时,应注意机器后部工作人员的安全。

（2）在检修截割头,更换截齿、齿座和喷嘴,或用截割臂抬起棚梁进行支护以及到工作面检查中心线时,截割电机开动而误伤工作人员。

安全预防措施:在检修截割头,更换截齿,用截割臂抬起棚梁支护时,为防止截割电机开动,必须打开掘进机上的隔离开关。

（3）在掘进中发生透水与突出事故;在检修机器时,发生片帮事故,砸伤工作人员。

安全预防措施:掘进机工作或检修时,一定要注意观察工作面情况,发现有片帮、透水等征兆时,应立即停机,切断电源,撤离人员。同时要加强掘进工作面的通风,防止瓦斯积聚。

（4）掘进工作面防尘效果差,影响职工的身体健康,并且还潜伏着煤尘爆炸的危险。必须采用人工洒水灭尘时,发生手持水管的职工站在截割臂附近而被正在工作的截割臂挤伤。

安全预防措施:掘进机工作时,内外喷雾装置要经常检查,使其正常工作,并要保证水压正常。无内喷雾装置时,要严格执行《煤矿安全规程》规定,用外喷雾加湿式除尘器共同灭尘。严禁工作人员手持水管在截割头附近喷水灭尘。

除上述情况外,还要经常检查刮板输送机的链条磨损情况,若磨损严重时要立即更换,以防发生断链,造成人身伤害事故;同时要经常检查各部位油温,按规定注油、换油,避免油温过高发生火灾事故;对矿用电缆应严加防护以防损伤,并检查接地保护装置是否良好,以防人身触电事故的发生。

复习思考题

1. 炸药爆炸的性质指标有哪些?
2. 装药前的准备工作有哪些?
3. 早爆的原因及预防措施有哪些?
4. 拒爆的预防措施及处理方法有哪些?
5. 什么叫毫秒爆破?
6. 简述掘进机掘进工艺。
7. 《煤矿安全规程》对掘进机的规定有哪些?
8. 掘进机安全操作注意事项有哪些?
9. 简述掘进机在复杂地质条件下的操作方法及注意事项。
10. 掘进机常见事故的原因及预防措施有哪些?
11. 掘进机在复杂地质条件下的操作方法有哪些?

第十三章　锚喷工高级工技能鉴定要求

第一节　复杂地质条件下巷道施工技能

复杂地质条件一般是指深井、高地应力、软弱破碎围岩。复杂地质条件下锚喷支护应该做到主动控制围岩，提高围岩的自身承载能力，使支护结构——锚杆、锚索、金属网和混凝土喷层协同有效地抵抗地应力释放，以平衡巷道围岩的变形，真正实现锚网索加喷射混凝土支护。

一、松软破碎岩层巷道施工

松软破碎岩层巷道掘进时，根据支护方式和围岩破碎程度的不同可采用短掘短支法、随掘随锚喷法和超前导硐法。

1. 短距离掘进及时支护法

施工采用短距离掘进、及时支护单行作业方式时，掘支距离一般不宜过长（0.8～1 m），永久支护宜采用架 R 型钢可缩性拱形支架支护并注浆加固。

施工时，不准空顶作业，顶、帮都要用前探梁刹好。放炮前打超前锚杆，放炮后用初锚力大的锚杆加固围岩，防止垮落。

2. 随掘随锚喷施工法

随掘随锚喷施工法就是锚喷跟迎头的短掘短支法。掘进与锚喷单行作业方式，段距 0.8～1 m。放炮后喷上一层薄混凝土（50 mm 左右）作临时支护，然后打锚杆，待巷道施工一定距离后再复喷至设计厚度。在很破碎的断层带，可打超前锚杆，防止顶板冒落。超前锚杆只起临时支护作用,掘进过后还要及时打永久支护锚杆。

3. 超前导硐法

首先掘进小断面并进行临时支护,紧跟着刷大断面,进行永久支护,达到成巷要求。

施工时,先在拱顶部位掘进小断面导硐,然后刷大拱部,进行临时支护。拱部刷大之后,沿底板由巷道两帮同时掘进,掘完后砌墙。待墙砌至拱基线时,利用岩柱在其上立碹胎、装模板,进行砌拱,随即拆除护顶纵梁。待拱顶部合拢后,再拆去岩柱。

施工安全注意事项:

(1)由于围岩很不稳定,只能放小炮或用风镐掘进。

(2)临时支架要架设牢靠,保证作业安全。

(3)保护好岩柱,采用密打眼、间隔装药,两侧同时放炮的办法,以减少对岩柱的破坏。

二、穿巷掘进

(1)两巷平面交叉通过时,应按贯通巷道采取安全措施。

(2)当原巷道为独头巷道,长期不通风时,应按规定恢复通风,排除瓦斯,达到允许爆破要求;当原巷道为已报废巷道,人员无法进入时,在相距 20 m 时应打钻探清瓦斯情况,采取必要的措施;当原巷道为正在使用的巷道时,只需加固贯通点前后 5 m 的支架,防止冒顶或掉底。

(3)若被穿巷道在上方,巷道内有积水或排水沟时,应在穿过前进行排除改造或安装排水设施等。

(4)当新掘巷道工作面距原巷道顶、底板间距小于 3 m 时,应根据围岩情况,采取浅打眼、少装药、放小炮的办法穿过。

(5)穿巷掘进小于 20 m 时,掘进工作面每次放炮前,必须派出警戒人员到通向穿过地点的所有通路设置警戒,每组警戒人员为两人,到位后,一人返回,待所有警戒地点报告人员返回后,才能放炮。

三、接近采空区时的掘进

掘进巷道揭露采空区前,必须制定探查采空区的措施,包括接近采空区时必须预留的煤(岩)柱厚度和探明水、火、瓦斯等内容,必须根据探明的情况采取措施,进行处理。在揭露采空区时,必须将人员撤至安全地点,只有经过检查,证明采空区的水、火、瓦斯和其他有害气体无危险后,方可恢复工作。

四、复杂条件下喷射混凝土技术

1. 渗水和漏水处喷射混凝土

对渗水和漏水地段,主要采取排、堵结合,以排为主的措施进行处理。在渗水和漏水地点,用导管把水集中起来导出,周围用水泥固结,使成片漏水变成点漏水,再用砂浆封孔,见图 13-1 所示。

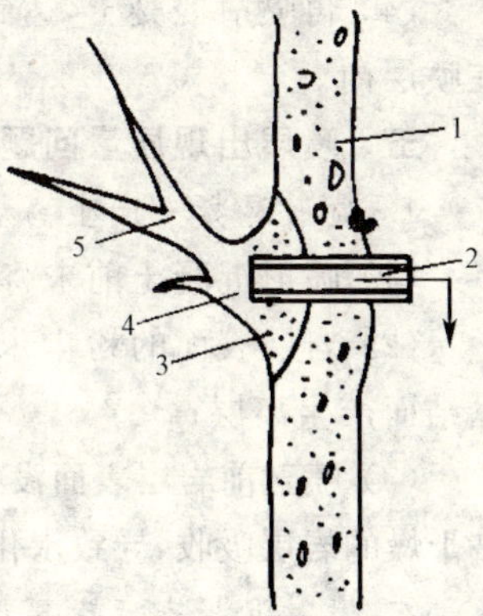

对一般渗水地点,可采用灰沙比 1:2,掺有速凝剂的方法,加大风压喷射,封住渗水部位。

图 13-1 喷漏水处
1——混凝土喷层;2——导管;
3——大比例水泥砂浆;
4——集中水流;5——裂隙水

2. 松软破碎有膨胀性围岩喷射混凝土

(1) 严禁用高压水冲洗围岩,必要时可用压风清出岩粉和活石。

(2) 锚喷作业紧跟工作面。放炮后应立即喷一层混凝土进行封闭,厚度不大于 50 mm,随后打锚杆。

(3) 喷射混凝土时必须掺入速凝剂,水泥标号不低于 500 号。

(4) 放炮前打超前锚杆,使松软破碎岩层不随放炮冒落。

(5) 松软破碎岩层应采用锚杆、金属网、钢带梁联合支护。

3. 喷射混凝土处理巷道冒顶事故

(1) 喷射混凝土时站在安全地点,用高压水或风清出岩粉和活石。

（2）用喷枪喷射高标号混凝土（或水泥砂浆），用混凝土把冒顶处封住，把裂隙堵严，喷层厚度为 80～100 mm。

（3）当混凝土凝固后，形成强度，控制住顶板的冒落。站在矸石堆上打锚杆，挂金属网，安装钢带梁，锚杆密度适当加大，把不稳定围岩用锚杆悬吊在稳定岩层上。

（4）再喷射混凝土，达到设计厚度，把锚杆、金属网、钢带梁喷在喷层内。

五、喷层出现质量问题的原因及处理方法

1. 喷射混凝土产生离层的原因

（1）喷射混凝土前未将松动的岩块清除；

（2）岩层表面的粉尘未冲洗干净，影响混凝土喷层与岩石的黏结而产生离层；

（3）喷射前岩层表面没有充分湿润，使混凝土喷层的部分水分被干燥的岩层吸收，导致水化不充分，导致结合处的黏结力降低。

2. 喷射混凝土产生离层的处理方法

（1）喷射前必须清除松动的岩块；

（2）喷射前，岩层表面必须清洗干净，遇水膨胀或潮解的岩石应用压风吹扫；

（3）干燥的岩石，在喷射前应用水湿润岩层表面；

（4）加厚喷层，能一次达到设计厚度，不搞多次喷射。

3. 造成喷射混凝土脱落的原因

（1）混凝土喷层受到围岩压力或外力作用从而剥落；

（2）当围岩松软破碎或易风化膨胀时，如喷层太薄，会因松软岩石的压力（自重）或膨胀压力造成喷层剥落；

（3）喷射混凝土中掺速凝剂过多，或喷射质量差，造成混凝土强度低，受力后剥落。

4. 防止喷射混凝土剥落的方法

(1) 将已剥落部分铲除干净,然后补喷混凝土,厚度应大于 100 mm 以上,必要时还要敷设金属网,并打锚杆;

(2) 爆破后及时封闭围岩,喷射厚度不小于 50 mm,并加网加锚杆;

(3) 混凝土配比及掺入速凝剂量必须符合规定,保证混凝土有足够强度。

5. 喷射混凝土产生裂缝的原因

(1) 喷射混凝土养护不良,致使早期脱水,产生收缩裂缝;

(2) 水泥用量过多,水灰比过大;

(3) 速凝剂掺量过多;

(4) 喷射厚度不够,喷层厚度不均匀;

(5) 骨料少,沙子太细;

(6) 混凝土强度低。

第二节　特殊工程施工方法

一、硐室施工方法

(一) 全断面一次掘进法

这种施工方法,常用于围岩稳定,断面不是特别大的硐室。全断面一次掘进硐室的高度,以不超过 4～5 m 为宜。

(二) 台阶工作面施工法

1. 正台阶工作面(下行分层)施工法

根据硐室的全高,整个断面可分为 2～3 层,每层的高度以 1.8～2.0 m 为宜,最大不要超过 3 m,如图 13-2 所示。

2. 倒台阶工作面(上行分层)施工法

正台阶工作面施工法比较安全可靠;倒台阶法挑顶爆破效率高,装岩方便。两者都适用于围岩比较稳定、整体性比较好的岩

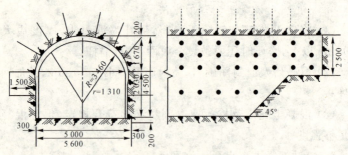

图 13-2　正台阶施工

层。其中先拱后墙下行分层法的适应范围更广,在较松软的岩层中也可应用,如图 13-3 所示。

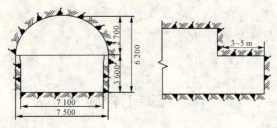

图 13-3　倒台阶施工

(三)导硐施工法

这种施工方法多用于松软破碎地带,在稳定岩层中施工特大断面(如 50 m²)的硐室时也可采用。

1. 中央下导硐

当硐室采用锚喷支护时,用中央下导硐(见图 13-4),按先挑顶、后开帮的顺序施工。

砌碹支护的硐室,用中央下导硐,先开帮、后挑顶的顺序施工(见图 13-5)。

2. 顶部导硐施工法

此法施工顺序见图 13-6。先施工顶部导

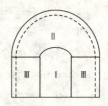

图 13-4　中央下导硐先拱后墙施工

硐1,超前5m用以探明地质情况,随之卧底2,再落后15m左右开帮3,此时整个拱部4已经施工完毕,便可进行拱部的锚喷或砌碹4,然后再卧中心底部5,最后刷帮6与砌墙7。

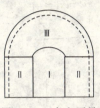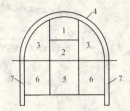

图13-5　中央下导　　　　　13-6　顶部导硐施工顺序

硐先墙后拱施工

3. 两侧导硐施工法

两侧导硐施工法,是在松软破碎岩层中采用的一种安全有效的施工方法。这种方法是从硐室底板开始在两侧墙部超前开掘两个小导硐,逐步向上扩大(见图13-7)。

图13-7　两侧导硐施工法

二、交岔点施工方法

(1) 在稳定和稳定性较好的岩层中,交岔点可采用全断面一次掘进法,随掘随锚喷或先锚后喷,一次完成(见图13-8)。

(2) 在中等稳定岩层中,或巷道断面较大时,可先将一条巷道掘出,并将边墙先行锚喷,余下周边喷上一层厚30~50mm的混凝土或砂浆(岩石条件差的,可加打锚杆)作临时支护,然后回过头来再刷帮挑顶,随即进行锚喷(见图13-9)。

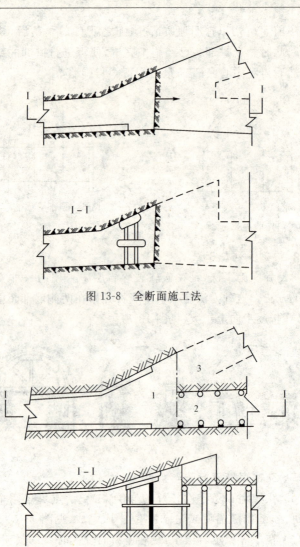

图 13-8　全断面施工法

图 13-9　扩帮刷大施工法

采用砌碹支护的交岔点，开始以全断面由主巷向支巷方向掘砌，至断面较大处，改用以小断面向两支巷掘进。架设棚式临时支架维护顶板，掘过柱墩端面 2 m，先将此 2 m 砌好，然后再回过头来，由小断面向柱墩进行刷砌，最后在岔口封顶并做好柱墩端面（齐脸，迎脸）。

(3) 在稳定性差的松软岩层中掘进交岔点时，不允许一次暴露的面积过大，可采用导硐施工法（见图 13-10）。

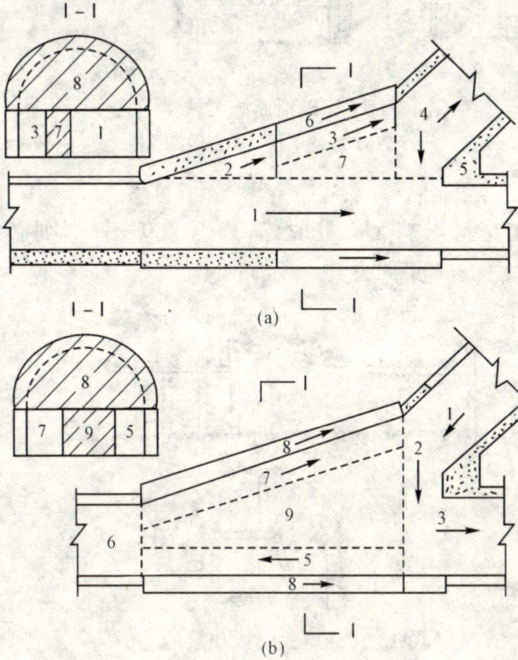

图 13-10　交岔点导硐施工法顺序

(a) 正向掘进；(b) 反向掘进

(4) 施工注意事项：

① 交岔点一般应从主巷向岔口的方向进行刷大与砌碹，这样对砌拱与壁后充填比较容易，最后在岔口封顶。

② 柱墩是交岔点受力最大的地方,柱墩及岔口的施工是整个工程的关键,必须尽力保证该处围岩的完整和稳定,抓施工质量。

③ 用混凝土砌筑岔口时,先将岔口两巷道口的拱、墙砌好,柱墩处应立一架大拱碹胎(见图 13-11)。

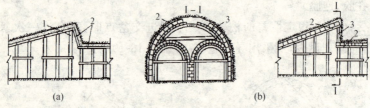

图 13-11 柱墩端面施工施工示意图

(a) 混凝土碹;(b) 料石碹

1——碹胎;2——模板;3——爬箍

④ 刷砌交岔点扩大部分时,若岩石条件不好,则必须采用过顶梁作临时支护(见图 13-12 所示)。

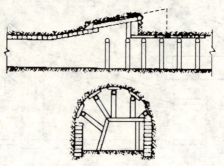

图 13-12 刷大时过顶梁的方法

三、曲线段巷道施工

(一) 曲线段巷道中线、腰线的标定

曲线巷道的中线、腰线呈圆弧状,无法直接标定于实地,而只能在小范围内以直线代替曲线,即以分段的弦线代替分段的弧线。

井下标定曲线巷道中线的方法,一般采用图解法来求得弦线的方位角和弦长。施工标定前,先根据设计中的曲线半径及转向角绘成大比例尺的施工大样图,将中线分成几段弦线标于大样图上。大样图上还应绘出巷道两帮与弦的相对位置,从图上可直接量出弦线到巷道两帮的边距。

曲线巷道给腰线的方法与半圆仪给腰线的方法相同。

（二）曲线巷道炮眼布置

曲线巷道外帮较内帮长,要使巷道沿曲线前进,每茬炮眼进度外帮要比内帮大,所以炮眼布置不同:

（1）掏槽眼位置应由内帮向外帮适当转移;

（2）外帮的炮眼要适当加深,适当增加装药量,可使外帮进尺大于内帮。

（三）曲线段及拐弯巷道耙斗装岩机操作技能

（1）耙斗装岩机在曲线段巷道装岩时,要分次扒运矸石,如图13-13所示。首先将工作面矸石扒到 A 处,然后摘掉双滑轮 3,并将尾端挂于 B 处固定楔上,再将 A 处矸石扒运装车。

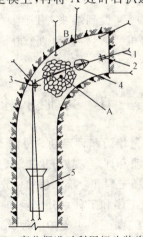

图 13-13　弯巷掘进时利用耙斗装岩机装岩

1——固定楔;2——尾轮;3——双滑轮;4——耙斗;5——耙斗装岩机

（2）耙斗装岩机在拐弯巷道使用时,如图 13-14 所示,在拐弯巷道端头设两个滑轮,一个供主绳导向,一个供尾绳导向;由于司机看不见耙斗,需在工作面有人用哨声或灯光信号指挥开动和停止。

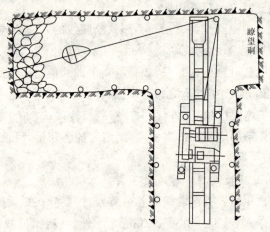

图 13-14　耙斗装岩机在拐弯巷道的使用方法

（3）刮板输送机应铺设到端头,用耙斗直接将煤或岩石装入溜槽内。大耙斗装岩机装岩,再移动两个滑轮后,把矸石倒入溜槽内进行矿车装岩。

第三节　其 他 技 能

一、井巷工程质量检验和评定划分办法

井巷工程质量检验和评定应按分项工程、分部工程和单位工程划分。井巷工程中分项工程和分部工程的划分应符合以下规定:

分项工程主要按工序和工种划分。例如:基岩掘进工程、模板组装工程、钢筋绑扎工程、混凝土支护工程、锚杆支护工程、喷射混凝土支护工程、砌块支护工程等。

分部工程按井巷工程的主要部分划分。例如:立井井筒工程

的井颈工程、主体工程、壁座工程、连接处工程、井底水窝；巷道工程的主体工程、交叉点工程、水沟工程、附属工程等。为了便于工程月末验收，对工程量大工期长的井筒、平硐、巷道的主体工程，可以按每月实际进尺划分为一个分部工程。

单位工程的划分应符合以下规定：凡不能独立发挥能力，但具有独立施工条件，构成一个施工单元的工程，即为一个单位工程。井巷工程的单位工程划分为立井井筒、斜井井筒和平硐、巷道、硐室、安全与通风设施、井下铺轨六类。具体单位工程名称应执行有关煤矿建设工程单位统一名称的规定。

为了便于期末验收评定等级，对期内施工的井筒、平硐、巷道、硐室等工程可以视为一个单位工程。

二、质量检验评定的等级

分项工程、分部工程和单位工程的质量检验评定均分为"合格"和"优良"两个等级。

（一）分项工程质量等级规定

1. 合格

（1）保证项目必须符合相应质量检验评定标准的规定；

（2）基本项目中每个检验项目的检查点均应符合合格规定；检查点中有75%及其以上的测点符合相应质量检验评定标准的合格规定，其余测点需不影响安全使用，这个检查点为合格；

（3）允许偏差项目中每个检验项目的测点总数均有70%及其以上实测值在相应质量检验评定标准的允许偏差范围内，其余的需不影响安全使用。

2. 优良

（1）保证项目必须符合相应质量检验评定标准的规定；

（2）基本项目中每个检验项目的检查点应符合相应质量检验评定标准的合格规定，其中有50%及其以上检查点符合优良规定，该项目即为优良；优良项目数应占检验项目总数的50%及其以上；

（3）允许偏差项目中每个检验项目的测点总数均有 90% 及其以上实测值在相应质量检验评定标准的允许偏差范围内，其余的均不影响安全使用。

（二）分部工程的质量等级规定

1. 合格

所含分项工程的质量全部合格。

2. 优良

所含分项工程的质量全部合格，其中包括指定的分项工程（井巷工程分项、分部工程名称表中有※符合的分项工程）在内的有 50% 及其以上达到优良。

（三）单位工程的质量等级规定

1. 合格

（1）所有分部工程的质量全部合格；

（2）质量保证资料应符合合格规定；

（3）指定的单位工程还应有观感质量评定，其得分率达到 70% 及其以上为合格。

注：指定的单位工程指立井井筒、斜井井筒、平硐、井底车场、巷道、推车机及翻车机硐室、主要运输巷、主要回风巷、箕斗或胶带装载硐室、井下主变电所硐室、主排水泵硐室、火药库、井底煤仓、暗井绞车房硐室及相应的井下铺轨工程。

2. 优良

（1）所含分部工程质量应全部合格，其中包括指定的分部工程在内的有 50% 及其以上达到优良；

（2）质量保证资料应符合优良规定；

（3）观感质量得分率达到 85% 及其以上。

（四）质量保证资料的检验评定要求

1. 合格

质量保证资料应基本齐全、数据真实，其中指定的质量保证资料必须齐全、正确,符合填表要求。

2. 优良

质量保证资料完整齐全,无缺项、漏项,数据真实,填写清楚,分类明确,其中必须包括指定的质量保证资料在内的 85% 及其以上项目符合优良要求。

三、文明生产标准及评分办法

文明生产标准共 10 项,每项 4 分。每项中有一条达不到要求的,该项不得分。

(1) 作业规程的编制要符合上级有关规定,做到科学合理,符合客观条件,内容齐全,图文清晰,审批、贯彻手续完备。

(2) 作业场所必须实行综合防尘。岩巷要实行湿式凿岩,凡使用煤电钻打眼的煤巷、半煤岩巷必须使用湿式煤电钻打眼。

(3) 临时轨道铺设,轨距误差不大于 10 mm,不小于 5 mm;轨道接头间隙不超过 10 mm,内错不大于 5 mm;轨枕间距不大于 1 m,构件齐全有效。

(4) 局部通风合理,符合作业规程规定。风筒吊挂整齐,风筒逢环必挂,不漏风,迎头风筒不落地,风筒口距迎头距离不超过作业规程规定。

(5) 巷道内无杂物、无淤泥、无积水(淤泥、积水长度不超过 5 m,深度不超过 0.1 m);浮矸(煤)不超过轨枕上平面;材料工具码放要整齐。

(6) 作业场所设有施工断面图(并标明风筒及管线吊挂位置)、炮眼布置图及爆破说明书和避灾路线图。

(7) 上下山掘进安全设施齐全有效;安全间距和躲避硐设置等符合作业规程规定。

(8) 掘进工作面机电设备按维修制度定期检查维修,达到完好,保护齐全,电器设备消灭失爆。管线吊挂整齐,符合作业规程规定。

（9）永久支护到工作面迎头的距离符合作业规程要求，并使用临时支护，严禁空顶作业；采用架棚支护的巷道，必须使用拉杆或撑木，炮掘工作面在距迎头 5～10 m 以内还必须有其他防倒装置。

（10）放炮员持证上岗，引药制作、火药雷管存放、放炮距离和警戒等符合规程要求。

四、锚杆拉力器使用与维护

（一）锚杆拉力器的使用

工作时，将换向阀手柄推到左边位置，然后将双作用油缸插入被测杆体，工作液从油泵经管路、换向阀送到双作用油缸下腔，推动活塞顶住岩壁，使外缸套和内缸套向下运动夹住并带动锚杆。反向时，将换向阀手柄推到右边位置，高压油从油泵经管路、换向阀送到双作用油缸上腔，使活塞回缩，同时活塞上压盖压下楔块卡头，松开锚杆，完成一次循环。锚杆锚固力大小从压力表读出来。

（二）锚杆拉力器操作注意事项

（1）工作液用 20 号专用机械油，并保持干净；

（2）储油管内必须储有足够的油量，保证油面在放气孔以下，不许超过或低于此范围；

（3）连接油管时，事先要检查孔内是否有脏物，密封圈是否老化；

（4）在高压情况下，如发现漏油，要立即卸载，不得继续加压；

（5）拉拔装置应固定牢靠，下方严禁人员行走或站立，杆体出现颈缩时，应停止拉拔，立即卸载；

（6）拉拔应加载至设计锚固力的 90%，一般不做破坏性检验；

（7）检测完毕后，换向阀手柄推到中间位置；

（8）拆卸后，把管接头及其他外漏油孔堵塞好。

（三）锚杆拉力器常见故障处理

锚杆拉力器常见故障处理见表 13-1。

表 13-1　　　　　　　　　锚杆拉力器常见故障处理方法

故障	故障原因	处理方法
不来油	油箱油不足,卸载阀未关闭,换向阀处于中间位置	加足油,关闭卸载阀,测试时换向阀手柄推到左边置,返回时手柄推到右边置
压力不足	缸体密封失灵和磨损较大,管路漏油,返回时上腔密封圈泄露	更换密封圈,检查或更换管接头密封圈,拧紧压盖或更换挡环
夹不住锚杆	弹簧刚度较低或断裂,卡头锯齿磨损大,卡头大	更换弹簧,更换卡头,换小卡头

五、小绞车安装与使用应注意的事项

（一）小绞车的安装要求

（1）大巷、采区用 11.4 kW 绞车、25 kW 以上（包括 25 kW）绞车采用混凝土基础固定;顺槽用 11.4 kW 绞车稳固,采用地锚或混凝土基础固定;临时（使用限期在六个月内）用 11.4 kW 绞车,采用四根木质压柱和两根木质戗柱固定。

（2）斜巷安装使用的小绞车按《煤矿安全规程》第 412 条规定,应加装保险绳。保险绳一端通过绳卡固定在主钩头后端不小于 600 mm 处,绳卡的数量不少于 3 个,绳卡的间距为钢丝绳直径的 6～7 倍,绳卡方向应一致,保险绳钩头的打结按照主钩头的标准制作;保险绳的直径应与牵引钢丝绳直径相同,长度为允许挂车总长度多 1.5 m。

（3）小绞车信号必须声光兼备,双向对打与远方操作按钮一并固定在操作牌板上,操作牌板必须安设在绞车司机便于操作的位置。斜坡下部车场信号必须设在安全躲避硐内。

（4）安装绞车的硐室,要求其高度不得小于 1.8 m,司机操作地点应有不小于 1 m³ 的有效空间,且能容纳所有电气设备。

（5）绞车最突出部位与巷道的间距不得小于 250 mm,与矿车车厢帮的间距不得小于 400 mm。

（6）硐室及绞车位置处不得有淋水、积水和杂物,周围清洁卫生。

（二）小型绞车的运行要求

（1）必须熟悉绞车的全部机构性能和工作原理。

（2）每班或每日应检查钢丝绳使用状况,连接是否牢固,在滚筒上排列是否整齐,钢丝绳不准打背结,钢丝绳是否磨损、断丝,提升重物的绞车钢丝绳直径磨损不得大于 10％,每个捻距断丝面积不许超过原钢丝面积的 10％。

（3）各润滑部位必须定期注入合格油脂。

（4）减速机每半个月应停止运转检查一次齿面的接触斑痕及其他情况。

（5）工作制动及紧急制动闸瓦间隙是否符合规定,应每天进行检查,及时调整。

（6）电力液压推杆转动是否灵活,活塞升降有无卡阻现象。

（7）联轴器工作是否正确,检查润滑情况。

（8）各部轴承温度是否正常,有无漏油现象。

（9）各部螺栓、键、销等是否紧固。

（10）各运动部分有无振动及异常噪音。

六、小水泵的操作与维护

（一）小水泵的操作

（1）首先向泵内灌水,并将放气门打开,直到放气门把气排尽并开始冒水为止,再关闭气门;

（2）关闭闸门;

（3）按启动电钮;

（4）徐徐打开闸阀。

（二）水泵在运转中的注意事项

（1）检查各部轴承温度,滑动轴承不得超过 65℃,滚动轴承不得超过 75℃,电机温度不得超过铭牌规定值。

(2)检查轴承润滑情况,油量是否适当,油环是否转动灵活。

(3)检查各部螺栓是否紧固,防松装置是否齐全。

(4)注意各部音响,有无异常。

(5)检查盘根箱密封情况,水滴是否正常,是否过热,必要时可调整盘根绞压盖的松紧程度。

(6)检查水窝水位变化情况,底阀埋入深度,水泵不得在无水的情况下运行,不得在气浊情况下运行,不得在闸阀关闭情况下长期运行。

(三)水泵停止运转的注意事项

(1)慢慢关闭闸阀。

(2)按停车电钮,停止电动机运转。

(3)将电动机及启动设备的手轮手柄恢复到停车位置。

(4)检查水窝中水的情况,底阀是否被杂物包裹和掩埋,水窝中泥沙是否过多,必要时进行清理。

(四)吸水管安装的注意事项

(1)离心泵的吸水高度,必须遵照技术特征规定的允许吸水真空高度,去掉管路各种损失,正确选定吸水几何高度。

(2)吸水管路的连接应注意严密,任何地方不能漏气。

(3)吸水管路不能有存气的地方,所以吸水管的任何部分都不能高于水泵的进水口。

(4)吸水管的口径不能任意减少,吸水管应尽量短些,弯头尽量少些,临时水泵房的吸水管也可用钢丝骨架的橡胶管。

(5)吸水管末端应有带过滤网的底阀,水泵运行时底阀要有足够的淹没深度,一般为吸水管直径的 2 倍。

(6)吸水管的重量不能加在水泵上,以免损坏水泵。

复习思考题

1. 松软破碎岩层巷道掘进时，可采用哪几种施工方法？
2. 松软破碎岩层巷道掘进时的安全注意事项有哪些？
4. 台阶施工方法分为哪几种？
4. 造成喷射混凝土产生离层的原因有哪些？
5. 渗水和漏水处如何喷射混凝土？
6. 如何利用喷射混凝土处理巷道冒顶事故？
7. 防止喷射混凝土剥落的方法有哪些？
8. 单位工程的质量等级中优良应符合哪些标准？
9. 锚杆拉力器操作注意事项有哪些？
10. 小型绞车的安装要求有哪些？
11. 小型绞车的运行要求有哪些？
12. 水泵在运转中的注意事项？

附　锚喷支护质量检查与工程验收

一、质量检查

（一）原材料与混合料的检查应遵守下列规定

1. 每批材料到达工地后应进行质量检查合格后方可使用。

2. 喷射混凝土的混合料和锚杆用的水泥砂浆的配合比以及拌和的均匀性，每工作班检查次数不得少于两次，条件变化时应及时检查。

（二）喷射混凝土抗压强度的检查应遵守下列规定

1. 喷射混凝土必须做抗压强度试验，当设计有其他要求时可增做相应的性能试验。

2. 检查喷射混凝土抗压强度所需的试块，应在工程施工中抽样制取，试块数量每喷射 $50\sim100$ m³ 混合料，或混合料小于 50 m³ 的独立工程不得少于一组，每组试块不得少于 3 个，材料或配合比变更时应另做一组。

3. 检查喷射混凝土抗压强度的标准试块，应在一定规格的喷射混凝土板件上切割制取，试块为边长 100 mm 的立方体，在标准养护条件下养护 28 d，用标准试验方法测得极限抗压强度并乘以 0.95 的系数。

4. 当不具备制作抗压强度标准试块条件时，也可采用其他方法制作试块检查喷射混凝土抗压强度。

5. 采用立方体试块做抗压强度试验时，加载方向必须与试块喷射成型方向垂直。

（三）喷射混凝土抗压强度的验收应符合下列规定

1. 同批喷射混凝土的抗压强度，应以同批内标准试块的抗压强度代表值来评定。

2. 同组试块应在同块大板上切割制取，对有明显缺陷的试块应予舍弃。

3. 每组试块的抗压强度，代表值为三个试块试验结果的平均值，当三个试块强度中的最大值或最小值之一与中间值之差超过中间值的15％时，可用中间值代表该组的强度。当三个试块强度中的最大值和最小值与中间值之差均超过中间值的15％时，该组试块不应作为强度评定的依据。

（四）喷射混凝土厚度的检查应遵守下列规定

1. 喷层厚度可用凿孔法或其他方法检查。

2. 每一个独立工程检查数量不得少于一个断面，每一个断面的检查点应从拱部中线起每间隔2～3 m 设一个，但一个断面上拱部不应少于 3 个点，总计不应少于 5 个点。

3. 合格条件为：每个断面上全部检查孔处的喷层厚度60％以上不应小于设计厚度，最小值不应小于设计厚度的50％ ，同时检查孔处厚度的平均值不应小于设计值。对重要工程的拱墙喷层厚度的检查结果应分别进行统计。

（五）锚杆质量的检查应遵守下列规定

1. 检查端头锚固型和摩擦型锚杆质量，必须做抗拔力试验，每 300 根锚杆必须抽样一组，设计变更或材料变更时应另做一组，每组锚杆不得少于 3 根。

2. 锚杆抗拔力不符合要求时可用加密锚杆的方法予以补强。

3. 全长黏结型锚杆，应检查砂浆密实度，注浆密实度大于75％方为合格。

（六）锚喷支护工程验收时应提供下列资料

1. 原材料出厂合格证、工地材料试验报告、待用材料试报告。

2. 按规定格式提供锚喷支护施工记录。

3. 喷射混凝土强度、厚度、外观尺寸及锚杆抗拔力等的检查和试验报告,预应力锚杆的性能试验与验收试验报告。

4. 施工期间的地质素描图。

5. 隐蔽工程检查验收记录。

6. 设计变更报告。

7. 工程重大问题处理文件。

8. 竣工图。

(七)设计要求进行监控量测的工程验收时应提交相应的报告与资料

1. 实际测点布置图。

2. 测量原始记录表及整理汇总资料现场监控量测记录表。

3. 位移测量时态曲线图。

4. 量测信息反馈结果记录。

参考文献

[1] 国家安全生产监督管理总局,国家煤矿安全监察局.煤矿安全规程[M].北京:煤炭工业出版社,2010.

[2] 黄喜贵,张连洋,黄向红,等.爆破工[M].北京:煤炭工业出版社,2011.

[3] 金连生,辛广龙,向国庆,等.掘进区(队)长[M].北京:煤炭工业出版社,2003.

[4] 王玉宝,任连贵,赵仁恒,等.掘进工[M].北京:煤炭工业出版社,2004.

[5] 曾宪荣,邹向炜,刘云春,等.掘进班组长[M].北京:煤炭工业出版社,2010.

[6] 中华人民共和国劳动部,煤炭工业部.锚喷工[M].北京:煤炭工业出版社,1998.

[7] 康红普,王金华,等.煤巷锚杆支护理论与成套技术[M].北京:煤炭工业出版社,2009.

[8] 东兆星,吴士良,等.井巷工程[M].徐州:中国矿业大学出版社,2009.

[9] 何沛峰,姬婧,吴桂才,等.矿山测量[M].徐州:中国矿业大学出版社,2005.

[10] 沈天良,刘述森,等.安全质量标准及考核评级办法(试行)[S].西安:西安地图出版社出版发行,2007.